国外城市规划与设计理论译丛

城市化的动力学

——建成环境

[英] 彼得 · 史密斯 著
叶齐茂 倪晓晖 译

中国建筑工业出版社

著作权合同登记图字：01-2012-8808号

图书在版编目（CIP）数据

城市化的动力学——建成环境／（英）史密斯著；叶齐茂等译．
北京：中国建筑工业出版社，2015.3
（国外城市规划与设计理论译丛）
ISBN 978-7-112-17689-2

Ⅰ.①城… Ⅱ.①史…②叶… Ⅲ.①建筑学－环境理论
Ⅳ.①TU-023

中国版本图书馆CIP数据核字（2015）第018900号

本书由英国作者Peter F. Smith授权翻译出版

责任编辑：程素荣
责任设计：董建平
责任校对：陈晶晶　关　健

国外城市规划与设计理论译丛
城市化的动力学——建成环境
[英] 彼得·史密斯　著
叶齐茂　倪晓晖　译
*
中国建筑工业出版社出版、发行（北京西郊百万庄）
各地新华书店、建筑书店经销
北京嘉泰利德公司制版
北京云浩印刷有限责任公司印刷
*
开本：787×1092毫米　1/16　印张：$15^{1}/_{2}$　字数：285千字
2015年4月第一版　2015年4月第一次印刷
定价：48.00元
ISBN 978-7-112-17689-2
（26887）

目　录

第二部分　政策

第三部分 城市设计中的心理策略

前　言

建筑学并不是一门真正的学科，其倡导者一般都不忠于某一个特定的世界观。一个好的建筑师无一例外地有着良好的周边视觉（peripheral vision）。能够产生设计图像的任何东西都是合情合理的。勒·柯布西耶可以将一只贝壳变形为一座朝圣的教堂。所有的视觉事件对于具有创造性的心灵来说，都是公平的游戏。

由于我是一名建筑师，或许可以理解的是，我应当运用这些被大部分人忽略掉的技能（scavenging techniques），对人类对建成环境的反应的本质这个问题产生影响。

在我自由地窃取其理念的学科内的纯粹主义者们，或许会被他们认为是非常简单化的态度吓坏。很有可能的是，异端邪说的罪名可以从很多方面被推翻。我会试图用这样的信念来安慰我自己，即在思想的任何领域中，通往更深刻的理解之路就是用异端邪说铺砌的。实际上，人们可以想象，马歇尔·麦克鲁汉（Marshall McLuhan）揭示出，人们可以借助小的异端邪说，通往伟大的真理。但是，或许，这只是大多数建筑师固有的骄傲自大。

“城市化”是一个混合的术语，它包含着建筑在其外部和内部表现的概念，以及城镇景观的更宽广的方面。对城市化的感知不认可知识的条块分割，所以，这篇论文将以同等的敏捷性越过传统的边界。

彼得·F·史密斯

1974年9月

注：

所有的图片和照片——少数分别和单独标明了出处——均由作者专门为《城市化的动力学》一书制作和编排。

第 1 章
真正为人的城镇

对城市居民来说，重要的是除了最基本的，如工作和重要的服务设施的可利用度，就是建筑及建筑所产生的彼此之间的空间的品质。人们或许可以做出所有的正确的战略决策，规划理论也许是没有瑕疵的，但是，如果物质后果，也就是空间中的实际的物体，并不是一个令人满意而充满活力的环境，那么，良好的可行性决策也是没有结果的。在目前的事项安排中，大批的规划者似乎从事于城市设计议程的科学方面。但是，事情往往功亏一篑。新的城镇在不同的程度上在那种难以下定义的品质方面是有缺陷的，即**城市化**的方面。在城市更新领域，情形似乎更糟。所有的城镇没少出现过高信誉度、低满意度、轰轰烈烈、有头无尾的城市无效事件。或许这是由于我们不明白真正的城市化是什么，从心理学的角度来说。

城镇的现象学在轻重缓急的顺序中一直处于低位，部分的原因在于在这一情形中的价值是无法被量化的。进一步的理由在于，这一切没有真正被视作重要的。当谈到鉴赏建成环境时，人们被认为是能力有限的。或许比起管理者和政治家所勉强承认的那样，人类对环境品质更为敏感。对此的证据可以从保守派的强烈反响中找到，目前他们的对抗行为横扫全英国；也可以在城市行动小组的广泛传播中看出，他们正在复兴斯克芬顿报告（Skeffington Report）* 的精神。*

所有这一切都与那些正在试图吸引居民的场所特别相关，这是经济方面的灰色区域。或许英国北部城镇所提供的生活品质，对于从更具有环境意识的南部的移民计划来说，是一个重要的阻碍因素。如果城市现象学被视作有着经济相关性，那么，就存在着机会，即资金和努力的轻重缓急顺序因获得支持而得以改变。灰色区域的城市有可能吸引工业和商业，假使在这些城市的政策更新中，他们选择的都是卓越的决定。我们这样说的时候，要记住与建筑物同等重要的是它们之间

* 该报告制定了与传统有所不同的公众参与的方法、途径与形式，被认为是公众参与城市规划发展的里程碑。——译者注

的空间，以及其所被分配的用途。城市的卓越成就可能有助于将经济大潮的方向转向贫困地区。这个当下的问题使得这一争辩更为尖锐。然而，还有着更广泛的议题。

假设到公元2000年，发达国家的80%的人口将居住在城镇，如果这一估计是正确的话，那么将会需要大量和快速的城市建设。作为一个研究领域，城市化是极为受欢迎的。在英国，经常出现一些专门化的研究中心，其中很多都显现出一种地理上的偏爱。在那些受到通过测量开展研究所限制的城市化领域，有着密集的研究活动。或许可以理解的是，在一种将科学等同于测量的学术氛围中，对于影响城市生活的、不可量化的因素没什么可说的。然而，这些不可量化的事物有可能对城市环境中的行为真正有着重要的影响。

有必要从心理学与哲学、艺术与技术的交界处寻找理念，本书毫无顾忌地跨越了这些边界，试图将城镇吸引力的本质离析出来。认识到视觉事件的品质的重要性的设计策略，应当在战术层面取得无可估量的有益的成果。

由于城市的品质与感知和评估有着密切的关系，因此，心理学理论将在这篇论文中出现。这对于那些从陌生的海岸一头扎进如此深的海水中的人来说，无可避免地存在着危险，尤其是，如果他们唯一的资本只是拥有其中一部分原材料的话。对有些人来说，这里的论证可能显得太具推测性，而因为推测是不能轻易得到检验的，这就被认为是超出了严肃考虑的范畴。当然，这就是无线电和青霉素被发明出来的途径。

尽管方法是描述性的，还是时不时可以辨别出辩论敲击地面的声音。因为本书的写作出于这样的信念，即城市建设这一视觉艺术尚未对功能和交通的议程产生坏的影响。在满足技术要求方面，城镇可能变得越来越复杂，但是，现在正是时候将更深层面的人类需求带入到设计纲要中。

城镇的各个组成部分在刺激心灵和使其兴奋方面有着巨大的潜力，可以打破人与人之间以及人与城市之间的疏离。第三个千年的人们将不得不苦于应付诸多问题。当今的规划者和建筑师有责任确保城市并不是这些问题之一。

本书的写作时期处于欧洲保护年（European Conservation Year）* 和欧洲建筑遗产年（European Architectural Heritage Year）** 之间。这一事实是巧合，但是，是有益的。

---

* 即1970年启动的一个项目，旨在提醒欧洲国家保护环境及其自然资源的重要性和必要性。——译者注

** 即1975年通过了《阿姆斯特丹宣言》，指出，“建筑遗产不仅包括品质超群的单体建筑及其周边环境，而且包括所有位于城镇或乡村的具有历史和文化意义的地区”。——译者注

保护年的关注焦点在于污染的有害后果，吸引人们关注其更为多样化的形式。污染可以在人们塑造或扭曲其环境的方式方面袭击视觉领域。缺乏想象力的玻璃、钢铁和混凝土制成的庞然大物，在城市高速公路的那些珍贵的开口处突然涌现，它们在当代污染物排名榜中居高位。

我们希望，欧洲建筑遗产年将鼓励对历史城镇的重新评估。在这一当下的讨论进程中，常常提到具有历史意义的场所，这不是因其历史性，而是它们为当代的建筑师和城市设计师提供了许多有用的明喻和类比。现有的城镇就是基质，城市化的新概念必将从这里产生。

保护一处历史遗产并不意味着使之僵化而失去活力，而是发展它，并最大限度地利用它。建筑对于一个人口爆炸的世界是必需的。仅仅抱怨视觉方面的破坏行为是不够的。我在此提出的建议是，低水准的城市设计部分是全然低估了对人类感知和心理需求的理解的复杂性的结果。如果能够从价值观、象征性和审美的角度，理解心灵回应建成环境的模式的话，就有助于设计达到更高的水准。

人类的大脑是一个系统，正因如此，产生关于其需求和运作模式的一定程度的分析。一个系统可以被定义为一个“特定的宇宙”，在其中，某些法则运作起来，以实现众多清晰可辨的目标。它是一个系统内的系统，又嵌套在另一个系统中……一个关键的相关系统就是外部环境，即城市的部分，这也是这个研究的关注点。许多心理学家已经大声疾呼，恶劣的建成环境正在被加诸在社会上，在产生大气污染的物质后果的同时，也在使人的心灵变得虚弱。

意识到城市环境中潜藏的创造性机遇，必须有赖于经验。创造性是记忆的一种功能。在有可能创造出什么之前，必须存在一套关于感知经验的大量的语汇，这是一种重要的基质，新事物有可能从中产生。因此，记忆是这种运作中的关键因素，而记忆只记录那些被感知到的东西。

本书旨在提出大脑是如何实现感知的，并且关注记忆系统的天然的运作模式是如何对感知加诸限制的。体验环境就是一种创造性的活动。它在相同的程度上，既取决于空间中客体的布局，也取决于诠释这种视觉阵列的主体。特伦斯·李（Terence Lee）教授阐明了主体与客体之间的区别：“控制人类行为的形式的东西，不仅仅是当时存在的客体，还有它们在人们的心灵中的**主体性表征**（subjective representations）。”它也控制着人们的精神风度，有着疗愈性的或者有害的后果。环境绝不是中性的，它不可避免地是一个“潜藏的游说者”，不论是好是坏。当清洁的、空旷单调的（prairified）新城镇产生了一种新的医学现象——“新城神经症”（New Town neurosis）——时，对于规划师和其他慈善家来说，是巨大的震撼。关于乌托邦规划师的不幸的事情是，他们的设计议程倾向于排除真正的人，替代以理论的建构，它支撑的只是一个幻梦。所以，这本书不是乌托邦的处方。它不会使得城市化的设计更为简单。目标在于更精细地描述建筑和城市化的设计议程。

第一部分概括地讨论了感知的生物学和心理学方面，这与建成环境直接相关。这部分描述了从三个层面可以感知城市环境，即：

1. 认知性的感知，通过一般公认的特征，例如风格或功能，对城市客体的认知。

2. 象征层面的感知，加诸在城市事件上，从个人层面到集体层面。

3. 关系性的感知，这涉及以视觉形式表达的价值体系，既体现在一种风格内的形式关系方面，也体现在更为抽象的、与更广泛的城镇景观相关的关系方面。

第二部分探讨了设计师可以采用的、在城市环境内的政策。这部分主要是通过阐明一座城镇的既定事实背后的心理满意度的潜力来讨论的。这关涉到被动的、动态的和象征的设计议程。

第三部分试图概述一种利用人类心灵的多样化机制的设计策略。

第一部分
知觉的复杂性 *

* 这一部分的主题是“知觉”，作者试图从心理学和神经科学的基础上，解释人们如何感受他们的城市建筑环境的。因为本书不是心理学或神经生理学教科书，作者省略了与知觉相关的基础知识。为了比较准确地翻译本书，尤其是准确翻译心理学和神经学的术语，我参考了几本书，与专家使用的术语保持一致。而且，在本书的一部分里，以“译者注”的形式，在脚注中添加了参阅这些书的心得，以飨读者。这几本书是，胡正凡的《环境心理学》(第三版)(中国建筑工业出版社，2012)，姚本先的《心理学》(2005)，李云庆的《神经科学基础》(第二版)(高等教育出版社，2010)等书。我的感觉是，要想耐心把这本书读下去，又不感觉到“晦涩”或“艰深”，特别是第一部分，重温有关知觉的心理学定义、理论和科学进展很有必要，这样会让我们比较容易理解作者这里所使用的概念以及所讨论的问题，例如，知觉与感觉的区别，知觉的特性，知觉整合元素的机制，格式塔学派提出的几条知觉组织规律。实际上，读者，尤其是做建筑、景观或城市设计的读者，或多或少地都接触过环境心理学，这一部分正好让我们重温环境心理学，尤其是重温人的知觉机制，尽量按照人的心理需要，去做“以人为本”的城市设计。——译者注

第 2 章
城市图式的形成 *

知觉（Perception）利用记忆，整体地解释感觉到的各种事物属性，知觉还在必要时利用过去积累的知识经验，推测与空间对象打交道所需要的必要运动反应。

动机、记忆和学习等三项中枢神经系统的功能均会影响整个知觉过程。

动机

处于发展初期的人类，非常强烈地需要让他的环境产生意义。最重要的初始驱力是与饥饿相联系的，婴儿很快认识到那个他能取回食品的特殊环境的触觉属性和空间品质。这些信息把它自己烙在了婴儿的记忆中，这个过程不一定是通过知觉本能实现的，而是通过细枝末节的尝试来实现的，婴儿认识了他那个小世界中非常实惠部分的位置和形状。视觉是一种本能；知觉则基本上是一种习得的能力，当然，知觉不完全就是一种习得能力。一般的说法是，“我需要观察”，当然，更确切的说法是，“我们观察我们需要观察的”。如果没有动机，就根本不会有知觉发生。如果婴儿，如子宫中的胎儿，果真是通过某种巧妙的机制在维持内环境稳定的话，就不会有动力去刺激知觉器官，让混乱有意义。因为大脑有了特殊的需要，而且认识到了光明与阴影、纹理和视角的一定组合，认识到了与这些需要相联系的三维概率，所以，人的外部环境具有现实意义。当然，外部环境对人的这种现

---

* 这一章的主题是，心理动机对知觉的影响。作者没有谈感觉，讨论影响知觉发生的三个因素：动机、记忆和学习。如果我们理解了感觉和知觉的差别，就很容易理解作者的这个安排。感觉是知觉的基础，知觉以感觉为前提，并与感觉一起进行而产生。但知觉不是把感觉简单地相加，作者说，知觉受记忆即个人知识经验的影响，而感觉不依赖个人知识经验。知觉是经验参与其间的纯粹的心理活动。补充一点，一般心理学教科书中，有关知觉还有另外两个判断和一个定义：（1）知觉是人对客观事物的整体反映，而感觉是人对客观事物个别属性的反映。（2）知觉是各种感觉协同活动的结果，而感觉是单一感觉器官活动的结果。（3）知觉是组织感觉器官所获得的客观事物个别属性相关信息并把这些感觉信息解释成有意义的整体的过程。——译者注

实性仅仅是依赖过去知识经验的一种推断，过去的知识经验只是**提示**，视觉现象服从一定的规则。

> 空间是我们放置到我们的世界中的抽象图式之一，有了这种抽象图式，我们的知觉经验就会比较连贯，产生意义。[1]

所以，这种“环境与大脑之间的交流”不是通过直接转换而实现的。

人体有多种高度敏感的器官，它们把环境释放的能量转换成为不同性质的能量，这种性质的能量适合大脑的结构编码；大脑把环境语言转换成为大脑皮层的语言。这种转换并非一一对应的。大脑不会让外部现象世界自动产生意义。

环境本身是“一个巨大的、模糊的、嘈杂的令人惊讶的事物”，人们四处引用威廉·詹姆斯（William James）的判断，目前我们还看不出这个判断有什么错误。当然，乔姆斯基（Noam Chomsky）已经指出，詹姆斯提出的“语言的通用原型”并非完全正确。

投影到视觉感受野上的形象，上下颠倒，左右反转，凹曲面视网膜扭曲了形象。在这个界面上，能量发生转换；光能转换成为大脑脉冲，通过视觉神经，大脑脉冲传导到大脑的视觉皮层上。

随后，首先出现了需要*（need），这些需要生成动机（motive），动机产生驱力（drive）。*在获得驱力的过程中，婴儿学习了原始知觉规则，即环境的基本三维概率知觉规则。穆雷（E.J.Murray）对动机和驱力做了一个区别，我把这个区别引述如下：

> 动机是“一种内部因素，它产生、指导和协调一个人的行为”。
>
> 驱力“是指激励一个人采取行动的内部过程”。[2]

对一个儿童来讲，第一种驱力是内环境稳定（homeostatic），也就是说，这些驱力是以满足机体需要为导向的，儿童机体的内环境稳定产生这些驱力。然后，其他动机开始运转，特别是那些由探索性驱力产生的动机。人们有时使用“生理的”驱力来表达与儿童机体内环境稳定相关的驱力，使用“心理的”驱力来表达与探

1 G.A. Miller，Psychology: the Science of Mental Life，Hutchinson（1964）

2 E.J. Murray Motivation and Emotion，Prentice-Hall（1964）

* 作者这里说说的“需要”，是一种因生理上或心理上的缺失或不足所引起的内部紧张状态。“动机”是引起并维持人的活动以达到目标的内部动力。关于这一部分内容，读者可以参考阅读现代心理学的基本理论，如认知理论、人格理论、行为动力理论等。——译者注

索相关的驱力。[1]

心理上的驱力具有无限多样性。当人的生理需要得到满足后，他的注意力（attention）越来越多地投向心理需求的满足。有些人可能利用心理的驱力去获得权力、财富或身份；有些人要实现的目标可能是体能和耐力上的生理技能，还有一些人要实现的目标可能是超级艺术品。米开朗琪罗（Michelangelo）或麦基亚弗利（Machiavelli）具有相同的心理上的驱力模式。

如果心理需要变得极端起来或具有受迫性，那么，在知觉过程中，视觉印象可能完全被扭曲或完全不正确。对一个在沙漠里迷了路的人来讲，幻觉就是大脑对文明缺失的补偿。当现实变得不堪忍受时，思维的确能够构造出幻想来。

人类大脑有一个公认的特征，人类大脑具有两种相反的趋向，一个是推动分析和秩序的趋向，另一个是寻求新模式组合—新奇—惊叹的趋向。这两种人类大脑趋向反映了神经系统的抑制状态和兴奋状态。

这两种相反的人类大脑趋向造成了一种矛盾，这种矛盾是一种重要的推动因素，影响着人的思维和知觉。在知觉和设计中，这种矛盾非常重要，所以，我们需要考察大脑这两种相反趋向各自的特征。

首先，有一种把人与他之外世界耦合到一起的机制，内环境稳定机制。人们一直认为，这是生理机制。现在，人们认为，内环境稳定机制也适用于纯心理，表现为人们在心理上追求内环境的协调和平衡、秩序和稳定。

追求内环境协调和平衡、秩序和稳定的心理与人的分析、分解心理方面相联系，而人的分析、分解心理方面唤起去制造各种现象以适合于现存模式的愿望。因为追求内环境协调和平衡、秩序和稳定的心理倾向于把知识经验约减到适合于现存模式，表现为集中和有序方面的心理活动，所以，追求内环境协调和平衡、秩序和稳定的心理是所谓行为"趋同"模式的一个部分。在人格理论中，内省倾向是追求内环境协调和平衡、秩序和稳定心理的具体化。归根结底，心理上内环境稳定的目标是解脱，是超脱一切烦恼的境界，是大脑系统抑制性倾向的逻辑终结。

显然，一定存在与此种倾向相抗衡的另一种倾向，否则，人类就会迅速消失到他自己的漩涡中。乔治·米勒（George Miller）指出，存在控制行为的两个互补原理：

一个有机体努力减少它的原始驱力，让人类大脑两种趋向的矛盾达到绝对最小，返回到内环境稳定的平衡状态。如果通过原始驱力去认识社会

---

1 J.F. Fuller，Motivation a Biological Perspective，Random House（1962）

动机，那么，似乎有理由设想，社会动机也会显示出这种自我终止的特征。当把这种矛盾减少的模式加在社会动机上时，这种矛盾减少的模式导致了一个意外的心理扭曲。简单的事实是，社会行动并非总是减少矛盾的。这种矛盾减少模式必然会认为，这种坚持不懈的努力和勤奋的工作是焦虑、抑郁和烦躁综合症，——解脱是任何一个人在他的生命中能够想象的唯一目标。但是，这是没有意义的。没有任何一个心智健全的人会去把他的动机减至最少。——相反，当内环境稳定状态给了我们一个机会时，我们会不断地去寻求新的矛盾，让我们不闲着，让我们欢乐。[1]

所以，人类的大脑系统还有另外一面，这个另外一面本身就是一个系统。在动机论中，这个另外一面称之为内在的动机，可能是因为需要和目标都是人的大脑的需要和人的大脑的目标。用凯斯特勒（Koestler）的话来讲："对人类大脑探索活动的主要刺激是新奇、出人意料、冲突、不确定性。"[2]

这个看法与米勒提出来的论点联系起来了：

出人意料对心理健康和心理发展是必不可少的。——能量仅仅落在我们的眼睛、耳朵、皮肤和其他感官上是不够的；关键的事情是，必须保持这些能量模式以意料之外的方式变化。[3]

几千年以来，我们一直都承认这样两个相反的原理，承认生活有时是这两端之间紧绷的绳索。斯平克斯（Spinks）指出：

在源远流长的历史画卷中，对立面的统一构成了宗教和历史思潮的主要论题之一。中国人的阴阳（Yin-Yang），梨俱吠陀（Rig Veda）中的天则梨多（Rta），对立统一的原则，印度神话中的两个卫士麦卓（Mitra）和伐楼拿（Varuna），道（Tao）的理论，每一种都表达了一种形而上的对立面互补的例子。[4]

对于弗洛伊德（Freud）来讲，这些矛盾是不可调和的，引起"两个不同的和完全对立的力量之间永恒的冲突，一个寻求保存和延长生命，另一个寻求把生命减至他最初发生的那个无机状态"。指向适合于这种物种这种生活的驱力，指向最

1　G.A. Miller，Psychology: the Science of Mental Life，p.269

2　A.K. Koestler The Act of Creation，Hutchinson（1964）.

3　G.A. Miller，Psychology: the Science of Mental Life，p.34

4　G.S Spinks Psychology and Religion，Methuen（1963）p.57

终称之为“死的愿望”的驱力，弗洛伊德把这两种驱力之间的冲突定义为“焦虑的辩证法”。

斯平克斯对这些成对驱力的操作意义提出了一个比较宽泛的判断：

> 个人心理活动中所表现出来的驱力安排也是文明的安排。——驱力的对立性质决定了个人的、社区的或种族的历史，这种驱力的对立性质，既刺激人去展开新的和创造性的活动，也允许人投入到无创造的惯性中去。[1]

这样，要求新的和不断变化的需要保持人在心理上的内环境稳定。这些探索性的和目的性的驱力源于直觉的动机，这些驱力期盼新的关系模式，期盼在群体中的自我至上的地位。在一个意义上讲，两个机制之间的矛盾是思维和机体之间的矛盾，或圣保罗（St Paul）可能会说的，精神和肉体之间的矛盾。

这种矛盾是人的内在环境或内心深处环境的一个特征，正因为如此，这种矛盾控制着人对外部环境的感知方式。个人内环境稳定 / 内在动机的平衡深刻地影响着感知和创造。感知几乎与创造性一样，是一个积极的过程。“我们不是看到空间，而是推论空间”，这种推论是对通过人的大脑传递的知觉信息的解释。意义是附加到一种情形上的。这个平衡式两端的价值可与无穷变化，但是，这个平衡式中的符号保持不变。正是因为有了这种保持不变的因素，人格理论才有可能移动到知觉理论。

生理上的思维和知觉系统受偏好制约，这种偏好本身是个人内环境稳定 / 内在动机“力系”的合成物。琼格（C.G. Jung）完善了这个判断。琼格使用人格理论的术语提出：

> 作为一种典型的心态，内向性和外向性意味着，一种影响整个心理过程的基本偏好建立起习惯反应，这样，内向性和外向性就不仅仅决定了人的行为方式，也决定了人的主体经验的性质。[2]

凯斯特勒把内向性和外向性看作一个普遍存在的事实：

> 在进化结构的每一个层次上，通过对立方向的力量平衡维持稳定性：一个进化方向是维护部分的独立、自主、人格，而另一个进化方向把部分

1　G.S Spinks Psychology and Religion，Methuen（1963）p.55，p.56

2　C.G. Jung Modern Man in Search of a Soul，Kegan Paul（1933）

保持为一个依赖于整体的单元。[1]

一些对人的大脑生理结构所展开的研究，支持了这种人类心理两极状态的观点。保罗·麦克莱恩（Paul MacLean）在1964年的一篇医学论文中提出：

> 人在这样的困境中寻找自己，自然赋予人三个大脑，尽管三个大脑在结构上有着巨大差异，但是，这三个大脑必须一起工作，相互交流。最老的一个大脑基本上是爬行类动物的，第二个大脑是从低级哺乳动物那里遗传来的，第三个大脑是高级哺乳动物的发展，这个大脑使人成其为人，是灵长类动物的巅峰。[2]

两个比较老的大脑一起归类为原始脑或边缘系统（limbic system），边缘系统具有较高程度的自主性。大自然选择了不要发展这两个比较老的大脑，而选择再增加一个新的大脑，大脑皮层（cerebral cortex），大脑的这个新部分一直以显著的速度发展着。大脑皮层负责人脑"较高级"心理功能、理性思维、言语能力等。边缘系统控制身体的内脏功能，当然，边缘系统还有另外两个功能，相当大地影响着整个思维活动。

首先，边缘系统产生与情绪相关的深层次反应。边缘系统似乎能够对非言语符号做出反应。第二，边缘系统包含了负责记忆处理的功能。所以，边缘系统能够对大脑皮层产生很大的影响。我们回头会讨论边缘系统对大脑皮层的这种影响。

有些作者认为，边缘系统和大脑皮层不相容的结合是进化的纰漏。凯斯特勒把这种进化的纰漏叫做"精神分裂症生理学"，[3] 与弗洛伊德的"焦虑的辩证法"如出一辙。

毫无疑问，人是一个矛盾的生物，产生于两个大脑的每个心理学机制的相对强弱，决定着动机偏好，这种动机偏好潜意识（unconscious）地影响着知觉。这是人格平衡的偏好，它给心理过程平添了一层选择性过滤器。

---

1 A.K. Koestler The Act of Creation，Hutchinson（1964）.

2 P.MacLean "Contrasting function of limbic and neocortical aspect of medicine"，Ameican Journal of Medicine，XXV（4），1958，611-626

3 A.K. Koestler The Ghost in the machine，Pan Books（1970），p.325

第3章
记忆系统 *

在关于记忆（memory）的定义中，波诺（de Bono）的定义最简洁，他认为，“记忆是当什么事情发生和并非完全没有发生时所留下的东西。”[1] 在观察现象时，我们不可能不与我们过去的经历发生某种联系，知觉是以记忆为基础的。因此，记忆机制是我们考察知觉的一个重要方面。*

记忆贮存可以分为三类：短期、中期和长期或永久的。1966年，弗莱克斯纳（Flexner），弗莱克斯纳和罗伯茨（Roberts）提出，短期记忆贮存依赖于“神经冲动的回荡”。[2] 中期记忆贮存“可能基于离子或小分子集中的变化，或基于原先存在的大分子结构或位置。”这种类型的记忆可能延续一天到两天，可能是建立长期记忆的过渡阶段。

长期记忆贮存** “依赖于DNA导向的蛋白质合成，这个合成过程包括产生细胞间新的突触（synapse）连接以及神经元（neuron）本身的变化。

1　E. de Bono The Mechanism of Mind，Jonathan Caps（1969），p.41

2　Cited in Neuronal Changes that May Store Memory，Documenta Geigy，Basle

*　这一章讨论的主题是，记忆和学习对知觉图式的影响。这里所讨论的“记忆”和“学习”都是专门的心理学概念。作者首先详细描述了“记忆”，特别是解释了“长期记忆”建立即连接、通道乃至模式的“图式”形成机制。接下来，作者描述了“学习”。学习可以修正人发育之初的原型图式，但不能改变原型图式的基础。这些原型图式成为了我们的“阈下知觉”，无意识地主导了我们的知觉。——译者注

**　这里，作者希望读者理解，知觉与记忆的关系。20世纪60年代之前的心理学界认为，记忆是人对过去经验的反映，记忆的关键在于形成联想。20世纪80年代，认知心理学认为，狭义的认知与记忆含义大体相同，它把记忆的贮存时间划分为短期记忆、中期记忆和长期记忆，重点研究记忆的信息编码、储存和提取问题。现代心理学对记忆的看法有两种，一种知觉理论，如吉布森的“知觉分化论”，强调感觉信息来自外部世界，不需要进行推断或假设；另一种是布鲁诺的知觉理论，即知觉的间接理论，强调作用于感官上的近端刺激只能为知觉提供线索，必须加上过去经验中的有关信息，才能形成关于外部世界的推断或假设，而且，这种推断或假设还要在主体模式和客体信息之间进行校正。本书采用的正是后一种知觉理论，强调人类经验的意义。在这种理论看来，记忆是人的心理发展的重要前提，没有记忆把人学习到的知识经验保持下来，人的心理就不会发展。——译者注

无论哪种记忆贮存，记忆的规律都是一样的，即细胞的连接。* 这个观点被称之为记忆的**神经元间**理论（interneuronal theory）。还有另外一种理论，认为记忆是神经元中以核糖核酸（ribonucleic acid-RNA）特殊分子形式所做的化学编码。这个观点被称之为**突触**理论（intraneuronal theory），人们似乎增加了对这种理论的怀疑。按照神经元间理论，人的大脑是由 100 亿个细胞组成，每一个细胞都能建立起 5000 个连接，所以，大脑系统的记忆潜力是巨大的。甚至级别最高的人工智能设备，也不过利用了人的大脑资源的非常小的部分。

基于本书的目的，我们把记忆问题简化到短期和长期的记忆问题上。短期记忆** 实际上是感知过程本身。人的大脑在一个时间里仅能集中在一个小的注意碎片上。眼睛做快速的扫描运动，人的大脑在短时间里把握住从这些注意碎片中获得的信息。正是因为掌握了这些信息，就使大脑能够接受环境中的连贯性。与雷达屏幕上的余辉相似，频闪围绕屏幕移动，收集那些在阴极射线管的敏化表面闪动几秒的对象。这个过程使这些对象与其他的"光点"联系起来。结果是一个"画面"，一个连续的模式，反映出对象在空间上的直接关系。当然，没有点与点的一一对应，必须对这些信息加以解释。操作者通过电子系统接受光点。光点显示了现实，但是，光点已经被转换成为这个系统的编码。这个过程非常类似于人的大脑所使用的知觉系统。

人的大脑接受的是碎片。短期记忆把这些碎片联系在一起。我们可以把两个随后的感知碎片用下图表示。

信息单元

短期记忆以以下方式建立起这样一种关系

信息的连贯元素

* 作者没有详细描述心理的神经解剖学基础，我们可能对神经系统、"连接"、"通道"、大脑结构和功能之类的理论有些陌生。实际上，只要我们翻阅一本《普通心理学》，如李传银的《普通心理学》（第二版）（科学出版社，2011）第二章，许多疑惑便会随即消散的。——译者注

** 短期记忆，现在亦称"工作记忆"，是当前有关记忆问题研究的前沿。——译者注

语言表达也许是最明显的短期记忆能力。语言的连贯性依赖于一组词汇的构成，这些词汇与另外一个人的经历相联系，句子的意义依赖于能够把句子的开始、中间和末尾联系起来。*

长期记忆是通过细胞之间的连接，形成模式，然后建立起来的**。唐纳德·赫布（Donald Hebb）认为，与细胞连接有关的大脑物理变化实现长期记忆贮存。[1] 他是第一个提出这种看法的人之一。史蒂芬·罗斯（Steven Rose）提出，细胞之间的这类连接是依靠 RNA 和蛋白质建立起来的。把动物暴露在集中解决问题情境下的实验显示，大脑中 RNA 和蛋白质含量有很大增加。这样，我们可以把长期记忆描述为大脑中的一种永久印记，短期记忆碎片的物理衔接形成连贯记忆模式，而这种连贯记忆模式构成大脑中的一种永久印记。1921 年，理查德·塞蒙（Richard Semon）就用印记（engramming）描绘这种建立印记的过程。记录一个单元信息的印记模式称之为元回路（metacircuit）。一组联系起来的单元可以表示为一个印记线。这是一种描述记忆表面行为的符号形式，用简单线表示连接起来的诸个单元。

印记法的基础

使用这个印记法，一个锁孔元回路如下图所示。

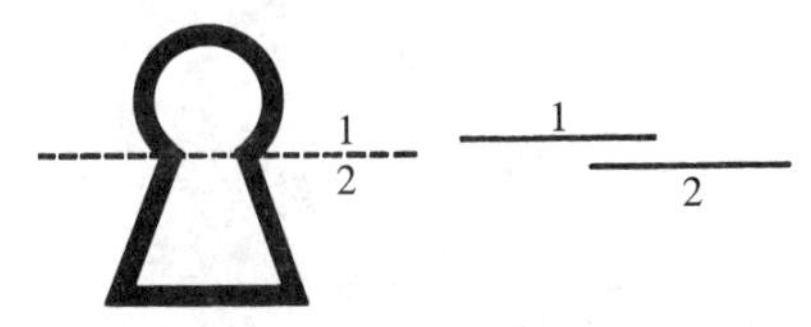

印记范围的元回路

现在，人们一般承认，长期记忆贮存包括一个代谢变化，当然，在解释如何通过细胞和神经途径的交织实现记忆贮存上，有两个思想学派。一个思想学派认为，所有的知识预先存在于大脑里，感知和思想是一个内部发现的问题。

1　D. Hebb，The Organisation of Behaviour（New York，1973）

*　作者这里集中讨论长期记忆形成的两种理论，长期记忆是人类主要的一种记忆加工方式，现在，记忆心理学研究把它划分为语义记忆、程序记忆和情景记忆。语义记忆的加工过程一般可以概括为对“什么”（what）、“何时”（when）、“何处”（where）进行编码以及怎样经验。情景记忆是对于个人经历的事件的记忆。这两种记忆都属于有意识记忆，也就是“知道什么”的记忆。程序记忆则是有关如何做的记忆，它具有无意识的属性。——译者注

**　本书发表之后的几十年间，记忆心理学在研究“内隐记忆”，即记忆的一般性信息加工方式和认知模式上，有了重大进展。内隐记忆涉及人的记忆内容，如图式记忆，编码形式，记忆组织方式以及过去经验的影响等下意识的自动加工过程。——译者注

永久印象涉及突出地强调一种细胞和通道模式，这样，永久印象就是从背景上凸显出来的图式。*

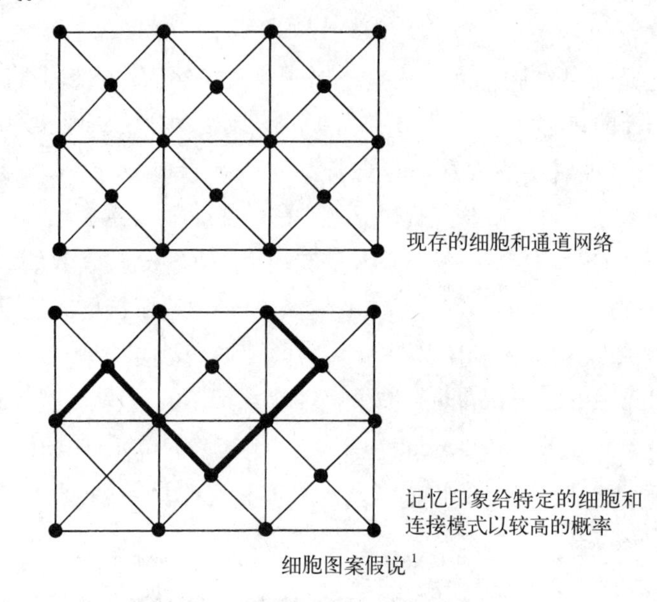

细胞图案假说[1]

另一个思想学派认为，长期记忆包括形成新的连接。

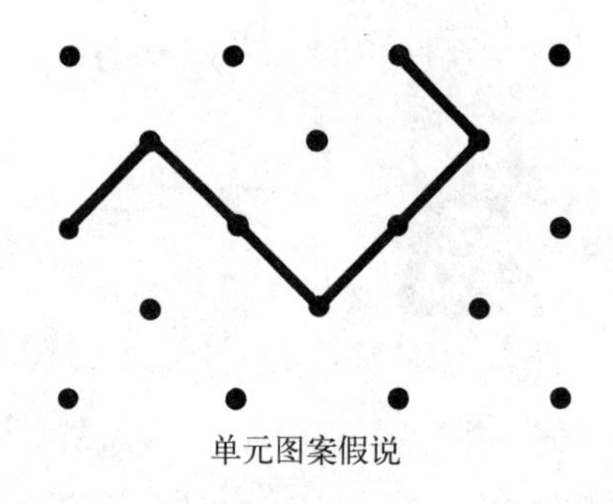

单元图案假说

我们已经产生了大量的模型，当然，数学家们提出的模型与当前认识最为吻合。直到最近，人们一直认为，人的大脑以计算机分拣信箱的方式储存材料。因为记忆具有在整个大脑里扩散开来的属性，所以，这种认识过于简单了。一个记忆单元包括一个细胞和神经网络模式，这个模式合为一个记忆事件的编码。当然，这些记忆单元可以被其他留下印象的事实材料使用。所以，记忆模式以极其复杂的

1　Cited in N. Calder，The Mind of Man，BBC Publication（1970），p.130

*　这是丹麦科学家杰尼（Niels Jerne）的看法。杰尼是一位使神经学家看到生物机制的人。1984 年，也就是本书出版 10 年后，杰尼和德国科学家科勒、阿根廷科学家米尔斯坦因发现生产单克隆抗体的原理而共同获得诺贝尔生理学或医学奖。——编者注

方式交织起来。

1969 年，由希金斯（Higgins）领导的爱丁堡大学的一个小组提出了一个扩散记忆贮存数学模型。

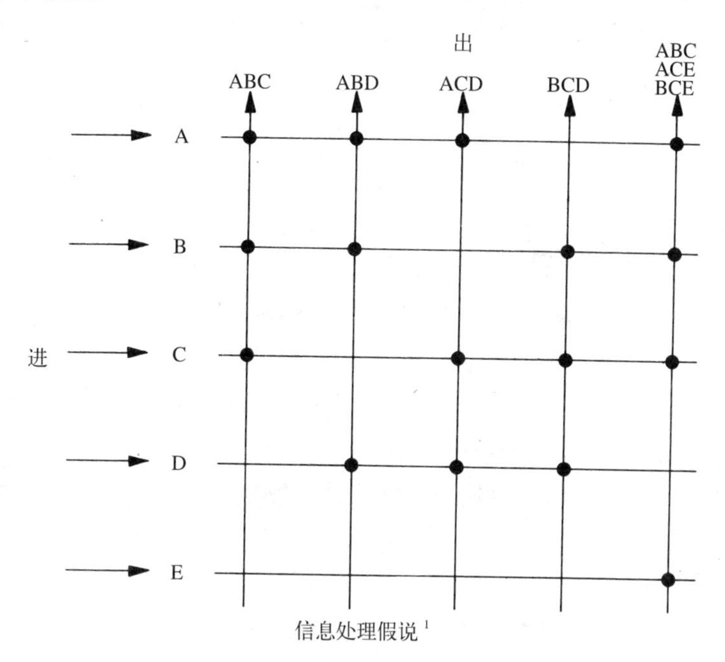

信息处理假说[1]

记忆由圆点和连接的模式组成。输入信号的特定组合产生一个沿垂直轴的输出（回忆）信号，垂直轴完全与这种组合相匹配。应该提到的是，输入信号的一种组合能够产生不止一个输出信号。另一方面，输入信号的不同组合可以产生一种特定的输出信号。

最近，人们又提出了一种贮存模型，这个模型与全息技术相关，全息技术是激光研究的一个副产品。让感光胶片向一个由相干激光束照射的对象曝光，冲洗出来的感光胶片上的结果是这个对象的编码版本，这个对象并没有携带与此对应的配置。这是一张全息照片。然而，如果在激光下看这张全息照片，对象呈现为一个三维图像。

这项技术如此重要的原因是，如果把这个胶片分解成最小的碎片，我们在激光下观察其中最小的碎片，我们会在这个碎片上发现整个对象的可识别版本。这个画面已经某种程度地扩散到了这个胶片的表面。

1　Cited in N. Calder，The Mind of Man，BBC Publication（1970），p.130

有关建立记忆的神经过程也显示出这种全息特征，对心理存储的新思考似乎正在从激光照相的数学基础上出现。

这并非否认印记原理，而是意味着，记忆模式是三维的。记忆会有一个强大的中心，但是，记忆通过大脑许多部分不断反射。在这个背景下，印记线标志是有用的，当然，记住这一点，印记线终究不过是一种简化。

学习

在心理发育的早期阶段，就建立起了基本模式和通道，以此作为构造世界的元模型。这些基本模式和通道是对外部世界有形的、内部的表达。每一种类的基本模式和通道可以称之为一个**图式**(schema)。* 这些图式随着心理发育而不断得到修正，但是，这些图式的基础几乎不会改变。的确有必要从记忆生理学的角度上强调，这些基本图式是重要的，因为它们给整个生命提供了知觉基础。人的大脑是生理的经验模式，我们在考虑人对建成环境的认知评估时，恰恰是这样来看待人的大脑的。

现在，人们普遍认为，知觉问题基本上是一个学习问题，有人甚至会说，知觉完全是一个学习问题。我们在与环境打交道时，实际上参照了已有的知识经验。过去的知识经验使思维建立起有关视觉事件可能的配置。“较高”智力层面的知觉也一样。因为记忆已经建立起细胞连接和连接通道的模式，这个模式是街道视觉事件的编码版本，所以，我们认识了一条特定的街道。很幸运，我们是在没有自觉意识的情况下建立起这样一个记忆“库”的。对“阈下知觉”(subliminal perception）的研究得出这样一个结论，在没有意识觉察的情况下，我们也能够接受事实材料、对事实材料进行分类，甚至对事实材料做出反应。这里，“阈下知觉”是指，一种比一般意义上的有意识知觉层次还要低的知觉，“阈下知觉”不是指还没有自觉意识的短时间刺激所引起的有限知觉。

我们面对一条新的街道，分类程序开始运转。如果这条街道没有什么出人意料的东西，那么，处理可能是潜意识（unconscious）的。对于外国的一条街，情况有

* “图式”是本书的核心概念之一。国内心理学界对这一概念的一般解释是，“图式（schema）是知识的心理组织形式。它说明了一组信息在头脑中最一般的排列或可以预期的排列方式。也有人把图式看做是有组织的知识单元。”（引自彭聃龄的《普通心理学》（北京师范大学出版社，2001）p.313）。当然，本书对这个概念的描述和解释更为详尽具体，如下面提到的巴特勒特的图式概念，与设计联系更为密切一些。——译者注

所不同。有意识的注意（conscious attention）把外部现实与内部模式联系起来。尽管我们有不熟识东西，对它们处于一知半解的状态，但是，毕竟有大量的城市事件与我们已有的记忆图式一致，所以，我们依然能够处理城市事件。

建立这个记忆模型的过程不是一成不变的。在童年和青年时期，信息爆聚(implosion)。首先，对基本概念进行分类，接下来，在分类中进一步作出区分。从细节上丰富记忆的基本图式。这个过程适用于所有的学习领域，包括建成环境概念的形成。这个过程可以用如下图式表示

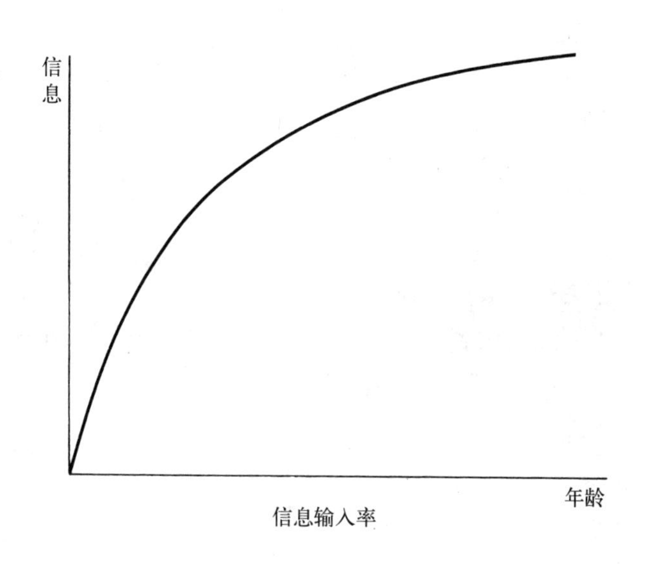

信息输入率

随着个人日益习惯了他的环境，输入信息必然放缓。

记录系统的一个重要组成部分是**分类装置**（classifier)。这种分类装置使城市视觉输入可以按照它与经验图式的一致性而感知到，并做分类。这个过程并不像它显示的那样简单。图式在许多点上相互连接和匹配。教堂是一般城市图式中的一个部分。同时，教堂可能是宗教图式的一个部分。涉及评价时，可能有图式冲突。具有尖塔以及其他熟识线索的教堂可能满足了城市图式的水平。教堂可能显示的是一个过时的符号系统，它是在中世纪发展起来的。[1] 实际上，一幢建筑或一个环境可能跨越若干个图式，图式仅仅是知觉和反应背后复杂性的一个来源。

图式可划分成许多子图式，类似于一棵树的树枝。对于儿童来讲，房子是这样一张画面。

1　P.F. Smith，Third Millennium Churches，Galliard（1973）

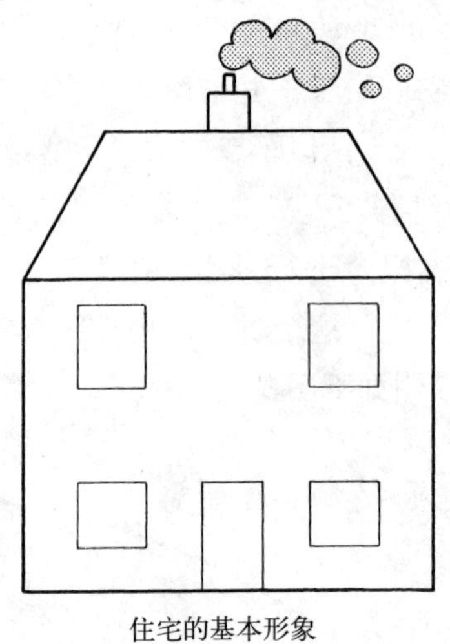

住宅的基本形象

这是一个住宅的基本图式。随着经验的发展，这个图式进一步分成子类，如连排住宅、半独立住宅等。最后，住宅跨时间和空间，包括了国内外历史的和现代的住宅。图式子类划分的内容是一个经验问题，在某种程度上，是一个有意识的学习问题。教堂图式从以下形象开始。

教堂的基本形象

但是，教堂图式可能包括从公元前320年至今的任何一个教堂。教堂图式可能包括微妙的细节，比如一名建筑师或一个特别的雕塑家的手法。

就印记标志而言，图式子类划分意味着，给建立在记忆面上的适当分类模型，简单地加一个注意模式。

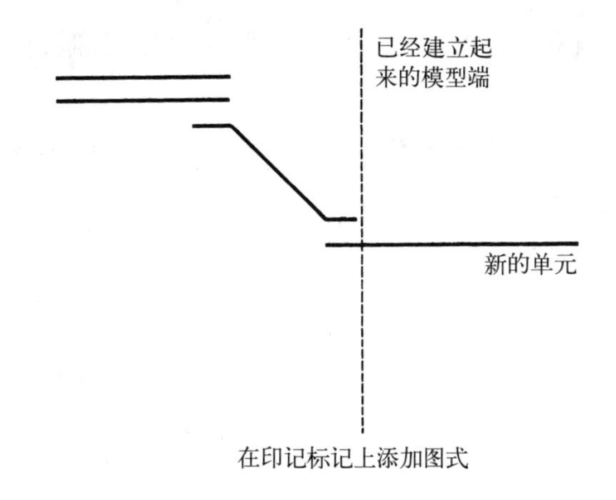

在印记标记上添加图式

当人的大脑接收到一系列的提示，自动选择适当的子图式，注意横扫子图式，把新的印象与已经建立的模式联系起来，必要时，调整这个已经建立起来的模式。

另外，学习包括建立模式之间的关系，这样，内部模型反映外部事件的某些事情。即使这样，基本模式依然保留，实际上，在神经通道交流系统日益扩大时，很强调基本模式。

在印记标志中，可能存在两个基本不相关的模式，如下图。

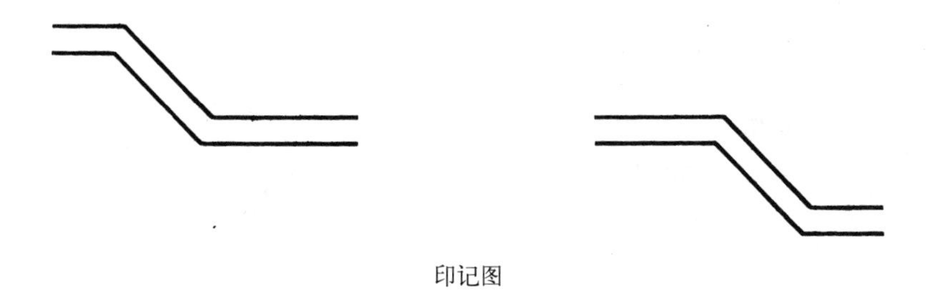
印记图

当经验增加到记忆图式上时，画面可能改变成为下图。

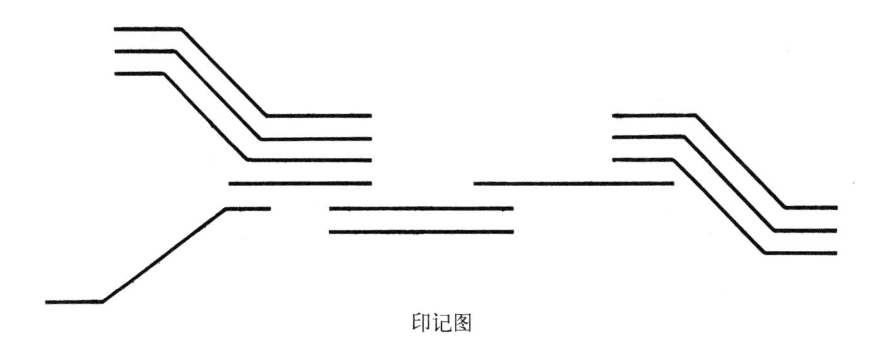
印记图

这两个模式作为相对背景的图，依然是一致的，但是，同时也并入到了一个更大的皮层系统中。

在图式这个研究领域中的所有基本信息分类，都与我们称之为城市形式的**宏观图式**相关。住宅、教堂、商业街、市政广场等的积累起来的经验，构成了一个生动的模式，这个模式形成了城市情形中的知觉的论据。

第 4 章 阈下知觉 *

前面几章讨论了知觉的几个基本原理。研究这些知觉基本原理的目的是，为下一阶段研究思维与环境间相互影响，即思维与环境间的反应，铺平道路。贮存机制很重要，提取模式（pattern of retrieval）同样重要。

前面，我已经提出，信息在大脑里扩散。在当前数学模型出现以前，人们就已经发现了这个系统的运转效果。20 世纪 20 年代的一位心理学家，巴特雷特（F.C.Bartlett）就提出，大脑系统携带的数据是协调一致地在行动，而不是一个独立单位在行动。为了进一步定义图式概念，巴特雷特把图式描述为：

> 过去反应，或过去经验的积极组织，总是应该在所有适应性强的有机响应中起作用。也就是说，无论什么时候，存在一种行为秩序或规则，就有一种特定的响应发生，这可能是因为，这种特定的响应与其他的响应相联系，那些响应已经连续地组织了起来，那些响应不是简单地作为单个成员一个接一个地出现，而是作为一个统一体出现。[1]

这里，巴特雷特所说的是，大脑中已经贮存起来的信息有可能对一组环境线索做出适当的神经响应。如果人的大脑有意识地每上一级台阶就制定一个详尽的肌肉运动计划，生命早就不存在了。这个模式同样适用于环境中的整个贮存域和反应。巴特雷特所描述的图式是一个有用的类比。

视觉事件的识别（recognition）和同化（assimilation）不是一个简单的问题。视觉事件的识别和同化似乎不过是让外部事件与内部模式相等起来，其实不然。如果存在一个充分的响应区，分类器给一个图式制定了一个适当的指示，把不熟

1　F.C. Bartlett，Remembering，Cambridge University Press（1957）

*　作者在这一章里进一步展开讨论“阈下知觉”的功能和两个层次知觉系统的相互作用。作者突出描绘了大脑边缘系统，网状激活系统，对大脑皮层乃至逻辑思维的影响。大脑边缘系统服从着不同于大脑皮层运行规则的另外一套规则，如非理性、非逻辑性、非时间性、非语言性。大脑边缘系统也在感受外部世界。所以，我们在设计城市时，不能不顾及大脑边缘系统的存在。——译者注

识元素增加到这个图式上，这样，知觉经验的图书馆就扩大了。巴特雷特的图式概念提供了如何产生响应的模型。识别一个对象涉及整个经验图式，虽然经验图式是逐步建造起来的，但是，经验图式是作为一个统一体在活动。

这是一个理想的状态，实际上，一般有两个主要因素在改变这个状态。

1. 记忆回忆机制的一定特征；

2. 人格的复杂性。

学习在城市里梦游

在信息爆炸时期，大量的学习过程是在有意识的层面上展开的。随着熟识事物逐步主导了知觉，信息同化的速率逐渐平稳下来。最后，学习倾向于转入隐蔽状态。

一个不幸的事实是，一般市民也许没有用他们大脑有意识地去发现 90% 屡见不鲜的建成环境，这可能有些伤害建筑师和规划师的自尊心。阈下知觉*的确存在，提醒公众注意到它的一件事是，冰淇淋制造商在他们最低限度的电影院广告中，非常专业地利用了一种令人不安却又难以抗拒的条件反射。人们长期以来一直都承认阈下知觉的存在。但是，人们没有那么认真地了解它的原因是，尽管阈下知觉具有一定的好处，但是，相对于建成环境来讲，阈下知觉具有一种不祥的意义，就像两面的维纳斯女神一样。

由于城镇建成环境的新形式和新特征，正在出现一个问题。这些城镇建成环境的新形式和新特征令人厌倦。阈下知觉现在出现了。城镇新出现的建成环境形式和特征令人厌倦。因为新的城市建成环境所产生的视觉事件频率低下，多样性减少，所以，很容易使人的大脑进入阈下知觉状态，仅仅有意识地去注意避免受到伤害。

城市建成环境的视觉事件频率低下，多样性减少，不仅是不好，而且肯定还有害处。正如前面提到的那样，心理学家一直都在强调城市单调乏味的有害社会后果。为什么单调乏味是有害的，理由并不简单，这里只能概括地做些描述。

很明显，我们的视知觉有两个系统，分别用“原始的”（primitive）和“古典的”（classical）表示。在 1969 年的国际心理学大会上，特雷瓦赞（Colwyn Trevarthan）

* “阈下知觉”是一种人们不能清楚地意识到，但仍然会有反应的低于刺激阈限的知觉。如作者提到的广告就是所谓“阈下广告”，如现代电视电影中使用某种产品做道具而做的那类广告，人们并没有有意地去加工这类信息，但是，在潜意识中，已经受到了这类广告的影响。人只有在外界刺激必须达到一定的强度时，才会产生有意识的知觉，这一强度就是所谓阈限。——译者注

博士提出了这样的论断：

> *原始的视觉系统允许我们自动地对作为整体的周边空间所发生的事情做出反应。如果某种出乎预料的事情引起了我们的注意，那么，在古典视觉系统感知它之前，首先通过原始视觉系统。*[1]

伦敦大学学院的诺曼·迪克森（Norman Dixon）博士的结论进一步强调了这个论断，他在 1973 年的一篇论文中提出，人的大脑可能有两个神经系统，"一个产生特殊信息，另一个能够对这个信息产生有意识的体验。"[2]

延伸这个论点不需要太多的生理学知识。网状激活系统（Reticular Activating System—RAS）是围绕脑干缜密的细胞簇，它推动着唤醒意识。网状激活系统植根于大脑深处，所以，网状激活系统是边缘系统的一个部分。

人的大脑皮层本质上是为感官刺激**意识体验**而发展出来的大脑。人的大脑必须有一种机制，对这个能力受到限制的系统，实施输入控制，以便让人的大脑发挥最大的优势。适用于这种控制机制的是网状激活系统（RAS）。实际上，网状激活系统对大脑皮层实施控制，监控感官的信号，选择值得接受有意识注意的事实材料。

这就产生了两个问题：

1. 大脑如何处理那些没有入选用来做有意识思考的材料？

2. 因为一部分边缘系统是意识的控制者，所以，人的大脑皮层受边缘系统的控制？

毫无疑问，迪克森博士会这样地回答第一个问题，没有推进到意识中去的那些外界刺激，会在大脑中生成复杂的反应。他认为：

> 在大脑处理的前意识阶段，进入大脑的信息实际上与记忆系统相联系，它们*激活相关概念，使之成为刺激因素，使大脑在无意识的状态下，接受、分类和反应感官信息。*[3]（我做的斜体字）

神经学家提供了支持这种阈下知觉存在的证据，在一些病人有意识的情况下，他们进行脑手术，从而发现了阈下知觉的存在。通过脑电图（electro-encephalo-graph，EEG），有可能测量由外部事件刺激的神经活动幅度，观察神经活动跨过意识临界值的点。出现在神经活动第一个信号和自觉意识之间的空白，足够证明阈下知觉

1　Quoted by J Sault in The Human Brain，"Doctor"，23 November（1972），P.8

2　N.Dixon "Who believes in subliminal perception?" New Scientist，3rd Feb（1972），252–55

3　N.Dixon "Who believes in subliminal perception?" New Scientist，3rd Feb（1972），252–55

的存在。

迪克森博士十分确定，哺乳动物的大脑包含网状激活系统，它“能够在不依赖意识的那些结构支持下，做出复杂的划分……。”[1]

我们不应该低估了这种理论的意义。如果边缘系统对知觉材料做“分类”，那么，边缘系统一定有信息图式，为分类程序的运行提供一个基础。这种观念正在得到强化，这种信息不仅仅是经验的，还涉及深藏在前史和现在构造于大脑里的集体记忆：即集体的知觉“模板”。三重大脑假说的先驱之一保罗·麦克莱恩（Paul MacLean）认为，

> 边缘系统可能具有参与非语言类型符号的能力。例如，人们可以想象，虽然内脑（边缘系统）不能接受三个字母的红色……，但是，内脑能够把色彩象征性地与多样性的事物如血、绘画、花朵等联系起来，导致恐惧症、强迫症行为等的相关性。[2]

我们回头再讨论所有这些对特殊建筑问题的影响。现在，两个层次知觉系统的积极因素已经凸显出来。

首先，这种两个层次的知觉系统，保证获得有意识注意的那些事实材料具有可以管理的属性。没有这种区分机制，大脑会因为承载过分多的事实材料而坍塌。当然，排除在有意识地思考之外的广阔环境，也同时影响着人的思维、态度和方式。

如果决定人的态度和行为的事实材料，果真只有那些有意识地接收到的事实材料，其结果是一种基于非典型的少数外部事件的行为方式。事实当然并非如此。输入到阈下知觉上的信息保证了人对环境的反应是平衡的，不会被有意识地接受的非典型部分所扭曲。

第二个积极因素是，阈下知觉承载了目标导向的活动。例如，当一个压倒一切的需要使焦点意识“束”非常狭窄，思维还是能够对比较宽泛的环境做出反应，而没有损害这个聚焦活动。例如，有意识的大脑可能完全被办公室的一个问题占据，同时，大脑还会对脚下的或汽车行驶中的所有复杂的城市环境做出反应，当然，人并没有刻意去注意它，所以，他是在整个旅程都处在潜意识状态下到达办公室的。

第三个积极因素涉及危险。如果视觉环境中的每个事物都受到有意识的注意，危险或不一致的因素将不会凸显出来。阈下知觉则提供了一个必要的凸显出不一

1　N.Dixon “Who believes in subliminal perception?” New Scientist，3rd Feb（1972），252-55

2　Quoted by A. Koestler，The Ghost in the Machine，p.326

致和危险的基础。这样，焦点意识能够导向协调危险或解决不一致。

第二个重要问题涉及新的大脑皮层和网状激活系统之间的关系。网状激活系统是大脑皮层的控制者，它深藏在边缘系统中。因为高度复杂的大脑皮层受到一个在进化中比较老的机制的控制，所以，大脑系统本身似乎存在与生俱来的内在矛盾。麦吉和沙伊贝尔（Madge，Arnold Scheibel）在《神经学》（Neurosciences）上撰文描述了网状激活系统的运行方式：

> 对网状（RAS- 网状激活系统）兴趣的竞争一定很高，并且这种优势获得当时仅仅是这些数据是超乎寻常或在生物学上具有说服力……，这个核心已经限制了病人和时间约束的资源。它的逻辑是宽泛，但肤浅，网状果断的装置不允许有丝毫延误。

在网状激活系统的原始“路径”基础上，大脑皮层可能被激活。但是，这个系统是不稳定的。反馈回路保证在较高层次大脑和较低层次大脑之间有一个双向的交流，也就是说，一个影响另一个。有证据显示，大脑皮层能够决定它选择的活动层次，所以，它在这个关系中具有一定程度的主动性。较高层次的大脑能够诱导边缘系统。一个合理的高层次直觉动机，可以保证较大的信息向较低层次大脑的方向流动，从而把网状激活系统拉到一个具有较高逻辑的环境中来。

相反，允许把越多的整体知觉方式下降到阈下知觉层次，原始大脑部分就越强大。升序“信息流”是主要的，这就意味着，大脑皮层日益适应边缘系统的标准。边缘系统将给“新奇”，具有诱惑力的事物，显示一个参考，也可能得出一个不合理的结论，如“规模等于重要”。

毫不意外，索尔特（Jonathan Sault）“很想知道，……我们有多少行为反应是在自觉意识（推理 -ratiocination）的主导言语中心之外处理的。”[1]

总之，我们正在考虑接受这样一个观点，视知觉有两个平行系统，传统的和原始的。原始的知觉系统绕过意识，直接与原始脑联系。越允许这种无意识（non-conscious）系统主导知觉，那么，原始的、非理性标准将更多的支配心理反应。[2]

甚至对于最复杂的人类来讲，这些非理性的标准依然处在阈下知觉之下，影响着有意识的评估。例如，在人员选择问题上，高个子的人比智慧相等且身体矮小

1　J.Sault，op.cit

2　A.R.Luria，The Working Brain，Penguin Books（1973）

的人要多些优势。高挑和魁梧是政治家的特殊财富。*

构成以上整个命题的基础是相信，因为存在反馈回路，所以，网状结构是可以训导的，通过网状结构自己的控制，使网状结构有可能让大脑皮层降低唤醒临界值，鼓励网状激活系统逐步对细微差别和细节详情敏感起来。

---

* 作者这里说的非理性、非逻辑性、非时间性、非语言性，都是潜意识的特点。按照潜意识理论，潜意识是被压抑的欲望、本能冲动。这些东西总要按着快乐原则去追求满足。因此，作者旨在提醒我们，不能忽略它们的存在，相反，它们是人类精神世界的基础和人类外部行为的内在动力。——译者注

第5章
从习得到忘却*

知觉把外部事件与内部思维模式进行比较，寻找外部事件与内部思维模式之间的最大相容性，也就是说，期盼与生物学内环境稳定原理相等的精神稳定或平衡。这是人的大脑的另一个具有重大影响的特征，它涉及记忆和回忆机制的另外一个方面。在精神领域里，外部事件与内部思维模式之间的最大相容性，意味着真实世界和它的表达之间在大脑中要协调起来。当这种平衡发生时，阈下知觉能够占上风。记忆—回忆系统推动了这种选择熟识的倾向。无论回忆何时制约着记忆模式，记忆模式就会发生一个生理学意义上的变化。每一次回忆都让一个记忆单元被激活，这个被激活的单元对未来的再激活稍许敏感了一些。换句话说，这个被激活记忆单元的应激临界值比较低，或应激起来的概率比较高。就记忆印记来讲，附加的线复制了这种情况：

用知觉的术语讲，这就意味着，对应较高概率记忆模式的一组视觉事件，一般会在它们的背景上凸显出来。这些在记忆中频发的事件，把它们自己推到了竞争学习队列的前头。因为分类过程是在较高概率记忆印记基础上完成的，所以，那些发生概率比较低的环境特征，没有获得被学习的资格。

由于教堂通常具有强大的风格特征，所以，教堂最容易成为人们学习的建筑类型。由于第一个哥特式教堂的新鲜性,第一个哥特式教堂受到了完全的注意。随后，第一个哥特式教堂成为了其他哥特式教堂的知觉基准。对哥特式教堂的经历越多，哥特式教堂就对意识的刺激就越小。最后，哥特式塔尖的唯一作用无非只是一个

* 这一章描述了知识经验如何转变成为阈下知觉的机制。我们在大学念书时，也总希望英语单词和公式会不知不觉地浮现在脑海里。但是，这种系统最大化或图式逐步简化的倾向，可能会扭曲我们的思维，只关注熟悉的东西，不关注不了解的东西，让人们感觉到城市的单调乏味，进而伤害了人们的心理知觉能力，甚至磨灭了人的创新能力。这一章开始涉及了具体的设计问题。——译者注

符号，这种符号引起记忆图式中的完全分类的发生，这种符号不再涉及完整的建筑。我们可以把这种大脑依据符号而做的完全分类称之为“系统最大化”–大脑用来简化整个知觉事务的方式。这种利用最小线索而迅速地做出分类，尤其在对一个正在出现的危险做出反应时，的确有其优越性：这是我们在走路时最频繁地使用的一种能力。

在阅读中，我们就可以感受到系统最大化的效力。我们能够由通过识别出不多几个字母而实现对词汇甚至整个句子的分类，进而迅速地理解这段文字的内容。许多心理学诊断都揭示出了大脑的这种能力。但是，这个系统最大化倾向也有弱点。在实现迅速分类中，抛弃掉了细枝末节，实际上，整个句子可能被误读。

在系统最大化的规则下，知觉一般减至最简。产生直接分类的事实材料是逐步得到满足的，如果这个表达并不完全适当，我们能够做出一定的调整使其适应于这个存储系统。在这个过程中。细节丧失掉了。例如，我们可能看到了一个乔治式住宅。在英国，大部分人都有乔治式住宅的子图式，可能用一个矩形表示。

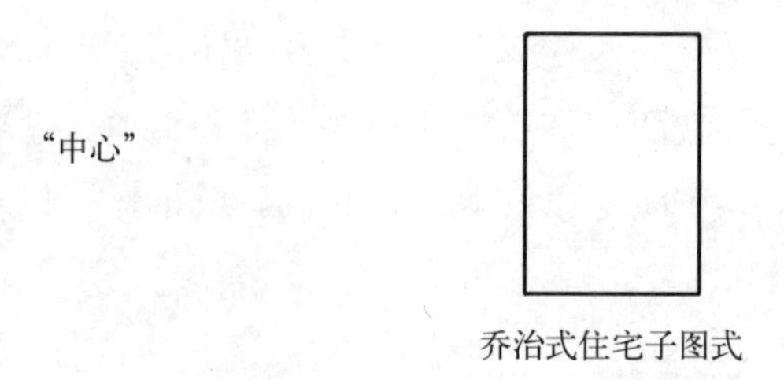

乔治式住宅子图式

一个特殊的乔治式住宅可能在许多方面与这个子图式一致，但是，并非完全一致。

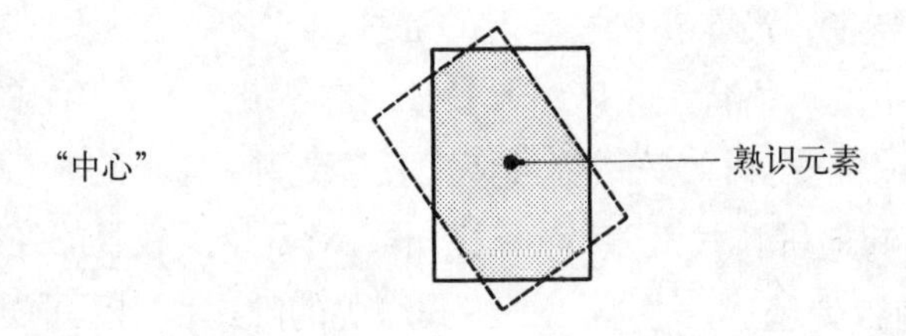

大脑的这个方面一般会在已经建立起来的模型上产生一个新的对象中心，细节被歪曲了。

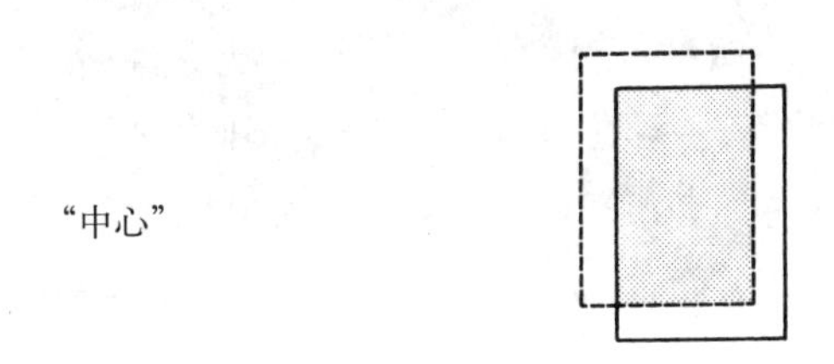

以记忆印记术语讲，我们可以用这种方式表达这种情形。

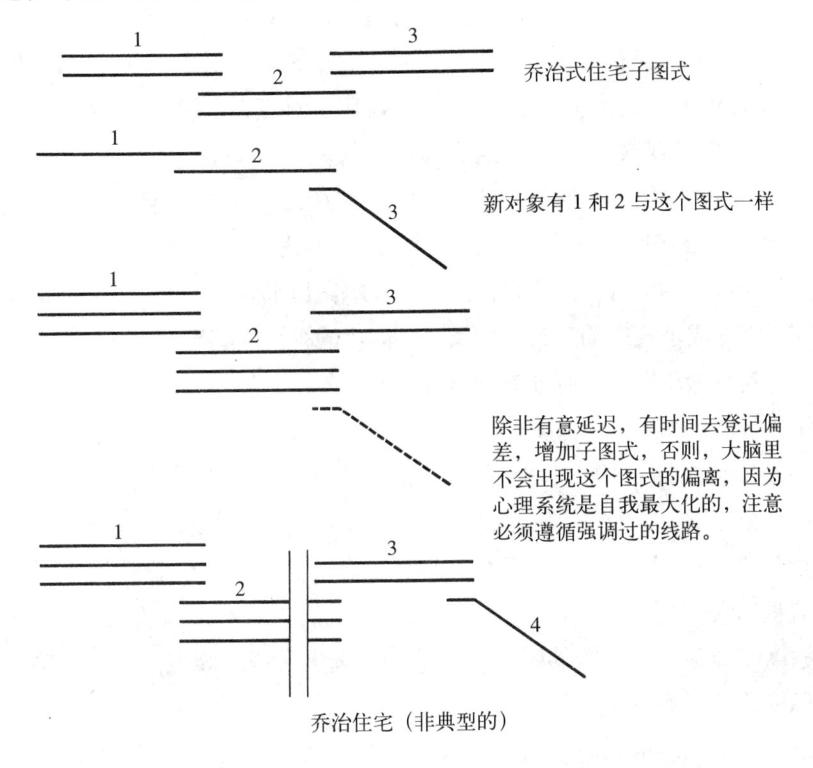

乔治住宅（非典型的）

在思维的发展中，这种延迟常常自动地在好奇心驱力的推动下发生，从而认识到一个对象的独特性。在生命的后期，更为强调模式，所以，这种延迟必须是一个有意识的知觉行动。陈词滥调是可以主导知觉以及思维过程的。

同样的事情也出现在表达建筑风格的语言中。在英格兰，20世纪50年代，在建筑上，建筑师阿里森和史密森（Alison，Peter Smithson）掀起过一个新的现象。它接受了"野兽派艺术"的描述。很快，"野兽派"（Brutalism）建筑成为了一个极端的词汇，人们把建筑与这些建筑完整知觉的一系列衰减放进这个建筑分类中。下一个阶段，"野兽派"成为了一种建筑风格。现在，"野兽派"建筑风格与其他历史风格一样，接近消失。

知觉还可能因为大脑另外一个令人怀疑的优点而被扭曲：建立神话的能力。比起知觉来，建立神话的能力与设计领域联系更为紧密，当然，建立神话的能力值得我们思考。神话（myth）完全是在试图使人们相信一种非现实的模式。按照德·博诺的话讲，神话是“存在于特殊记忆层面，而一定不在其他任何地方的模式，”神话最终成为一种看世界的方式。

在大脑的双重能力中，大脑首先把进入大脑的事实材料分成适当的注意单元。然后，结合功能重新把这些单元组合成为模式，当这些模式的顺序和形状在这个过程中被改变，就出现了神话。最危险的情况是，这种神话成了现实的理想替代物。按照系统最大化规则，人们越去拿神话做娱乐，神话就越成为一种知觉模式。神话主导了建筑和规划这类具有创意的领域。从城市文明伊始，有关宇宙的变化和有时美妙至极的神话一直都在推进着乌托邦的神话。在某些情况下，这些乌托邦的神话类似一个操作假定，但是，最终难以修正或根除。

就知觉而论，神话可以是决定性的。种族隔离原则就是一个例子，它把一种广泛共享的神话转变成了政府的政策。相类似，同化的神话能够影响个人对一个环境状况的反应，尤其是涉及那些具有强烈符号意义的对象，如教堂和大本钟，尤其如此。

与建成环境的知觉相关，记忆—回忆系统的最后一个操作性特征涉及相互关系的影响。按照记忆印记说，相互关系影响记忆—回忆系统意味着，一个记忆模式可能按照信息切入点以不同方式被激活。如前所述，记忆模式以难以想象的复杂性相互连接着，所以，与这个记忆模式相邻的记忆模式的位置特别重要，因为它承载着信息切入的功能。

视觉事件受到它的情境的影响，这是一个老生常谈的观点。方位和方向按照它们所处环境的性质而发生明显变化。

在记忆印记中显示的记忆模式可以表达为下图：

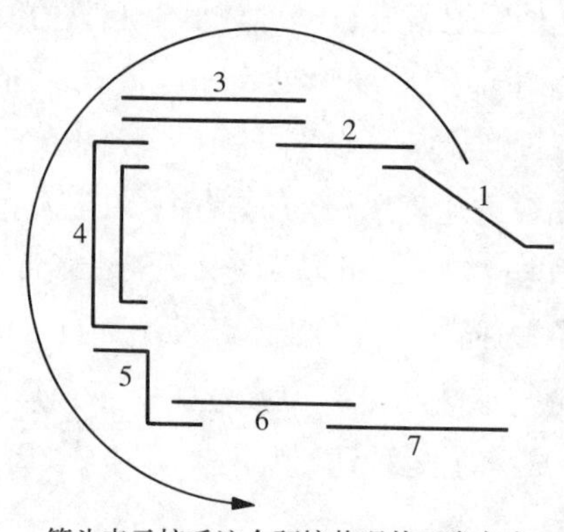

箭头表示接受这个环境状况的正常方式

如果把一个新建筑加进这个建筑群，这个新建筑具有不同认知图式的元素，那么，它不仅改变了这个建筑群的记忆模式，而且也改变了接受这个视觉组合的模式。

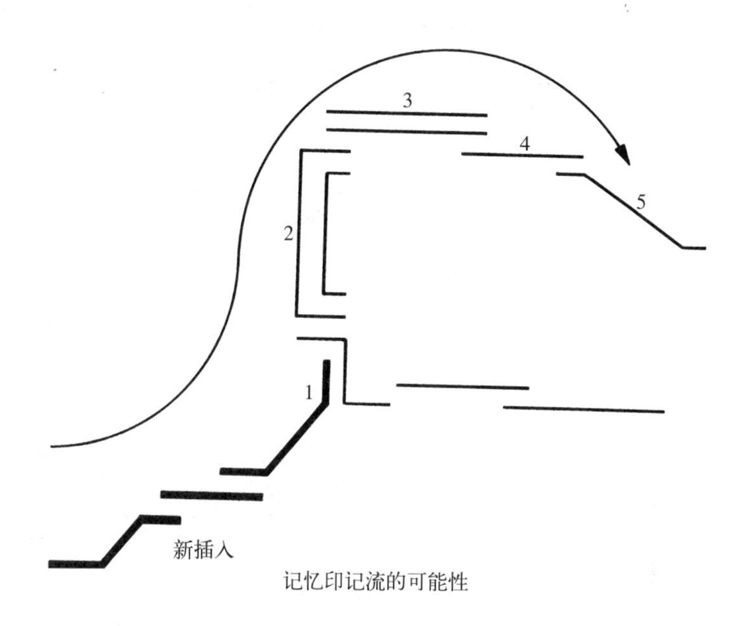

记忆印记流的可能性

因为新插入这个建筑群的那个建筑物的新鲜性，新插入的建筑成为知觉的起点，从而调整了全部完形（gestalt）的知觉。

反身性（Reflexivity）在决定知觉方式上是极端重要的。建成环境的所有元素都是相互作用的，对建成环境的任何一个改变都有远远超出那个新插入元素本身的影响。

知觉的这种相互作用特征能够影响时空关系。所有在观察城市中心改造的城市居民，都熟悉这一点。所有新建筑都是参照它们替代的建筑物去加以评价。依靠这种思维特征，居民一般偏爱那些被替代的建筑物。我们能够把这种偏爱描述为相关模式的“延续”。

如果我们不去检查系统最大化，那么，系统最大化能够让思维的运行产生相反的效果。仅仅只有固定数量的能量可以在知觉过程中去刺激记忆模式。当知觉模式被深深地“镌刻”在大脑中，它们会主导注意的竞争。这就意味着，思维逐步偏爱熟识事物。当熟识模式越来越最大化，不熟识模式逐步向更低注意概率的方向发展。

也就是说，支配性模式独占大脑系统时，有些贮存的材料对于回忆越来越没有用了。在记忆—回忆系统机制的控制下，处理视觉景象中新鲜的和不熟悉事物的能力一般会减弱，经验局限在熟识事物上。

以图示的语言讲，这种状况可以用下图表示。

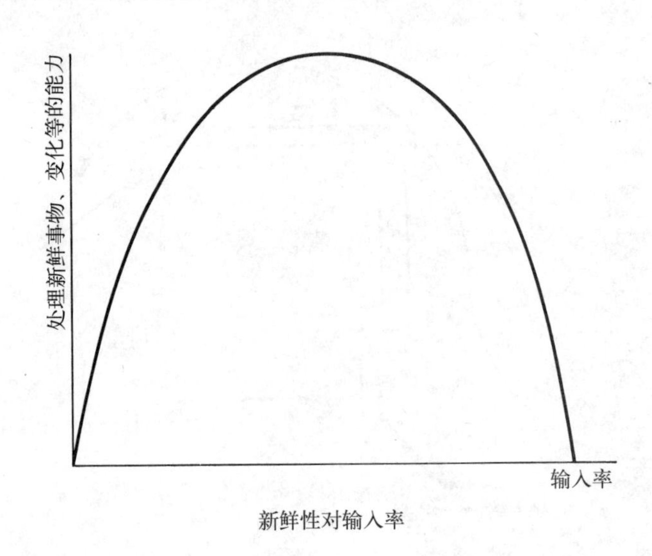

新鲜性对输入率

然而，这并非全部。记忆—回忆系统（memory-recall system）似乎遵循达尔文的选择。记忆模式类似于自然物种。由于正反馈降低了激活的临界值，强势模式越变越强大。反之，弱势模式成为负反馈的受害者。如同比较弱势的物种一样，弱势模式最终越来越难以引起回忆了，实际上，弱势模式最终消失。记忆网络也同样萎缩。

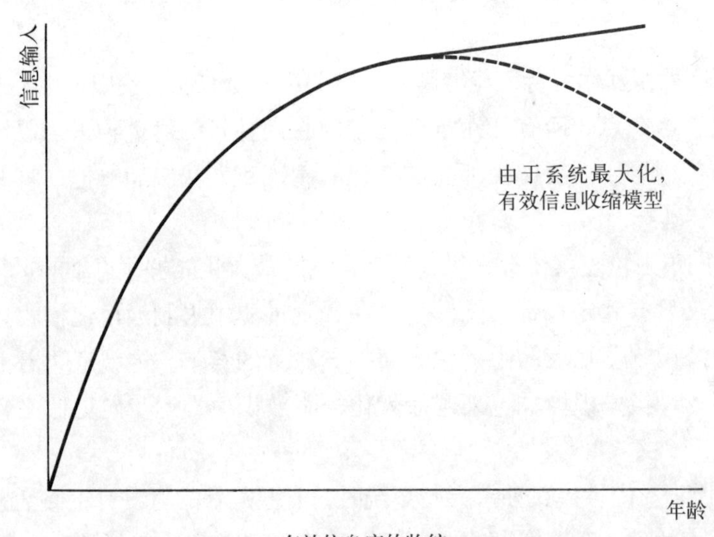

有效信息库的收缩

这是一个危险的情形，因为记忆网络萎缩意味着，知觉事件匮乏降低了思维的绩效。在那些青睐减少模式数目的地方，建立起来的是一个负能量，那些为数不多的几个模式最终霸占了记忆—回忆系统。向着新鲜经验和形成记忆新图式的大门关闭了。

这张记忆印记图可以表示一个记忆模式 ：

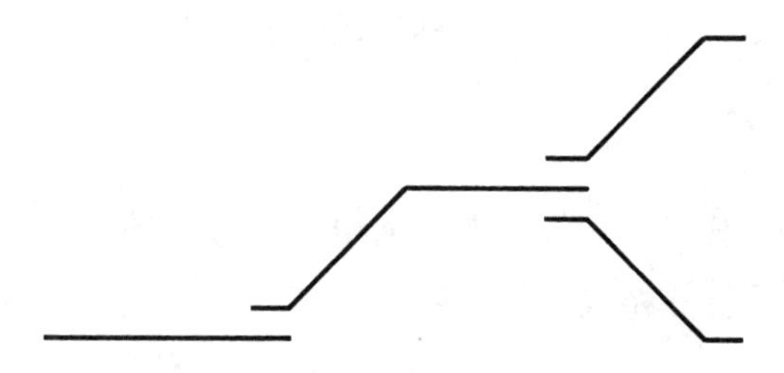

被重复的知觉强化了这个模式的一部分。

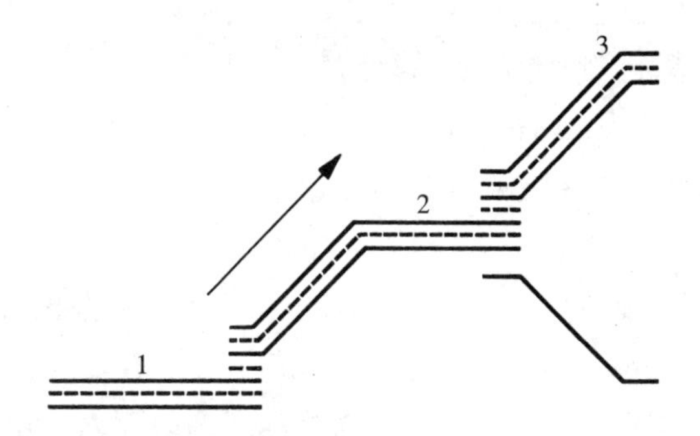

现在，强化这个模式的一部分就意味着，注意被强调部分的概率增加了，而对 x 部分的注意日趋减少。

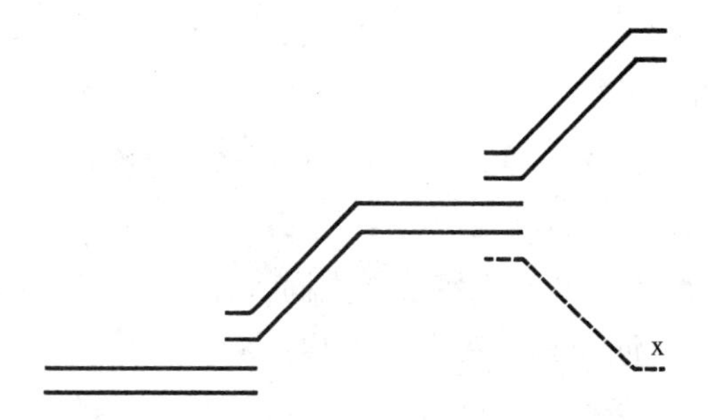

这样，“x”元素的概率减少，直至它的应激反应实际上消失。

当心理学家谈论城市单调乏味，认为这种单调乏味会削弱人的知觉的影响时，他们是在说，城市的单调乏味不仅不好，而且还会造成极大的伤害。城市的单调乏味不仅伤害知觉能力，还会伤害解决问题的能力。因为森林充满了有趣的事情和挑战，所以，“水泥森林”这类术语似乎不适当，而“水泥荒地”可能比较好。

回到语义类比，给出现频率高的词汇和句子让位，会导致词汇量减少。进一步讲，词汇量收缩意味着，对思维有效的概念越来越少。同样的规则也适用于描绘城市事件的词汇。对许多可以辨认的特征做表面的识别，同样会妨碍我们去感受那些可能不那么明显却很丰富的多样性。最终让城市表面僵化，成为难以理解的东西。

我在第 3 章中提出，有两大因素能够扭曲知觉和评价机制的运行。第一个因素涉及记忆—回忆系统的特征，这个系统具有系统最大化的内在倾向：图式逐步简化。

长期以来，人们一直有这样一种看法，在设计过程中，图式逐步简化有助于了解知觉机制。如果我们把大脑看成一个系统，大脑就是一个通用共同因子，从了解知觉的生理过程是否影响实际观察建筑的方式开始似乎不无道理。

第二个主要因素是人格（personality），它能够把偏见带入知觉过程，人格极其复杂，而且不断转换。在考察偏见如何在这个背景下运作之前，还是有必要先做些一般解释。

通过简单地积累，通过记忆单元的相互连接，人们逐渐构造出一个城市事件的宏观图式（macroschema）。这个宏观图式形成了对所有新的或至少部分新的城市经验的认知基准。按照人们与宏观图式的关系，人格因素影响着人对事实材料的心理态度。

在详细展开这个观点之前，有必要提出若干认知类别，这些认知类别使我们对宏观图式的标准进行了分类。当然，它们之间并非存在什么固定的界限。这种分类原则上是可行的，但是，一个特定类别的属性则是由经验和人格决定；所以，这种分类的界限可以有无穷的变化。尽管如此，有证据显示，人们处理差异、变化和新奇的能力在大量人口之间是恒定不变的。

这样，即使这种分类之间的边界处于模糊状态，边界依然可以辨认。在外部事件和内部模式之间完全近似时，我们可能称这种知觉经验是**图式的**。在环境熟识情况下，大脑停止注意新事件，所以，知觉经验是图式的经验。系列建筑或许多单体建筑在外表上可能构成一个新的经验，我们也可以把图式的这个术语用到这种地方。因为系列建筑或许多单体建筑的组成元素与我们记忆库中的材料联系起来了，所以，我们很容易觉察到它们，对它们做出反应。尽管系列建筑或许多单体建筑以独特的方式组合在一起，但是，我们熟悉以独特方式组合起来的建筑系列的建筑块。我们可以把这样一个建筑或建筑组合描绘为**图式的**，因为所有的视觉事件和关系均对应于贮存的事实材料。进一步对建成环境做分类，就涉及偏离图式基准的问题。

我们将把一级程度的偏离叫做**新图式**（neo-schematic）。在这个分类中，视觉事件具有一定程度的新鲜性，当然，这些视觉事件同时具有充分的根基，构成一个承载认知的子图式。大部分新建筑可以归属于这种偏离程度的分类中，当然，它们通常指向了这个系列的图式终端。这不是一个建筑品质问题，而是视觉事件与内部模式的对应问题。分类既是一个经验问题，也是一个人格问题。对于许多人来讲，新的密斯式（Miesian-type）办公区可能构成一种新图式的建筑。但是，对于具有广泛建筑经验的另外一些人来讲，他们会把密斯式归纳到图式中，而非一种新图式的建筑。*

设菲尔德新建的克鲁斯堡剧院（Crucible Theatre）就是一幢可以划分到新图式类别中的建筑。这幢建筑是由兰顿、霍华德和伍德设计的。对克鲁斯堡剧院来讲，一般百姓的确有很多不熟悉的地方。但是，克鲁斯堡剧院充分地影响了大部分城市图式接受这种分类。

设尔菲尔德的克鲁斯堡剧院

* 密斯风格是由著名建筑师密斯·凡·德·罗提倡的建筑设计倾向，战后至 20 世纪 60 年代曾经在美国盛行一时，以“少就是多”为理论根据，以“全面空间”、“纯净形式”和“模数构图”作为设计方法与手法，采用“功能服从空间”的设计原则。——译者注

伊丽莎白女王音乐厅和海沃德画廊

同样说到伊丽莎白女王音乐厅（Queen Elizabeth Concert Hall）和海沃德画廊(Hayward Gallery)。由于一定程度的习惯，而且因为建筑美学与之相伴，当这个建筑综合体刚出现时，它只是一个三级规范图式偏离的案例。借用一个心理学术语**标杆**（pacer），这一组建筑可以称之为标杆建筑。这种视觉事件的安排超出了人们对新奇和意外的事物容忍的正常限度。因为这样的建筑不能满足图式分类的需要，所以，它是打扰人的。

其他一些图式可能很大地影响了这种三级规范图式偏离类别的出现。前面我曾经提到过教堂子图式的例子。一定种类的教堂可以用它们自己的标准来界定标杆分类,但是,没有任何一个教堂能够超出柯布西耶的朗香的上圣母院教堂（Chapel of Notre Dame du Haut）而成为标杆建筑。类似雷丁的圣安德森的联合新教（URC Church）的一些教堂，也可以称作标杆建筑，因为它们把神学彻底符号化了。它们跨越了图式。

在英国，或许最始终如一的榜样建筑师是杰姆斯·斯特灵（Jame Stirling)。他在剑桥设计的历史图书馆（History Liberary）依然让人惊讶不已，还有最近设计的牛津女王学院（Queen's College）居住单元楼，弗洛里建筑（Florey Building）。

最后，还有一个小的类别，人们相对少地注意到它，因为这个类别涉及了与图式完全无关的概念，所以，几乎没有建设起来。因为它极端且完全不熟悉，所

朗香的上圣母院教堂

雷丁，伦敦路圣安德森的联合新教堂

剑桥塞维克大道的历史图书馆

牛津女王学院弗洛里建筑

以，冠以 a- 图式似乎没有什么不妥当。这种现象的案例在理论上并不罕见。在插入式城市或在环境完全受控的大屋顶下建设起来的城市中，这种现象明显。最接近这个类别的有高迪的建筑。如果高迪(Gaudi)的事业没有受到有轨电车严重干扰，天知道他会设计出什么来。

人格因素

在记忆中，材料的组织是一个机械事务，但是，经验和人格影响分类。人格因素涉及决定允许什么具有长期记忆，能够给记忆—回忆系统注入强大的偏见。下一阶段对知觉的研究涉及外部视觉事件和记忆图式之间的关系以及个人对这种关系的**态度**（attitude）。这是什么决定喜欢 / 不喜欢的反应。

再一次涉及人格理论，在对待新奇事物和意外的态度上，有一个谱系，一端是极端保守，而另一端则是极端激进。在每个人身上，极端保守和极端激进这两种特征的比例不同。基于某种理由，个人在这个谱系中的位置受到短期的和永久变化的约束。在通常情况下，永久性改变处在保守角色的方向上。图式不知不觉地从基准变成了标准。

具有保守偏见的人格有一种在心理上对稳定状态的承诺。在心理范围内，这意味着他希望在外部事件和内部图式之间具有最大的对应状态。这种愿望把思维加工的任务减至最小。

这种承诺导致他把规范的图式看成标准。以这个标准为基础来进行评价。实际上，它有可能把具有有效边界的熟识东西投入到焦虑的东西上。我们可能会听到他把新建筑描绘为一种亵渎，他所指的亵渎就是对他认定的图式的亵渎。

在各方面都持对立态度的人，对老生常谈具有非常低的容忍度。他厌恶了他的图式的目前状态，持续不断地通过新的经历，努力扩展他的那些图式。他原则上偏好新鲜性，他可能对品质并不是挑剔。他可能以鄙视的态度看待历史和传统。当然，很少出现如此极端的态度。每一个人都按不同的比例恰当地包含着阿波罗和狄奥尼修斯。

如果城市化具有发展的潜力，认知平面上的创造性张力就很重要了。成其为标杆的，或向着一个新图式标杆端发展的建筑和城市景观，都在与单调乏味的建筑和城市景观相对抗。

在城镇上，规划师的倾向是，消除掉那些标杆建筑，而青睐图式和新图式的建筑。约束设计的规则就是“适合的”。创新不应该激进到改变周边环境的地步。就心理学和美学而论，这种政策可能是虚弱的。遵循建筑规范和城乡规划法，建筑师很难设计出具有刺激性的和令人震惊的任何东西来。

在英国和美国，在相对自由的大学区里，建筑师通过设计来抵消这些限制，看看他们如何这样做是很有趣的。大学享受着一定程度的自主性，有一定的财力，允许建筑师出头。在英国，牛津和剑桥的确都是这样，他们都有他们引以为豪的新近完工的建筑。

第6章
符号象征 *

我们按照视觉对象与记忆图式的一致性让我们所看到的客体产生特定意义。不仅如此，我们还用与特定意义相对应的标准符号，去解释视觉对象。在这种情况下，我们会有各式各样的理由赋予视觉对象某种意义，但是，我们的这些理由与这些视觉对象的认知无关。这是一个极为复杂和充满争议的主题，这里，我只能比较肤浅地讨论一下这个问题。

我们很难定义符号，字典也帮不了多少忙。《新英语字典》(New English Dictionary）把符号描述为，“表示、代表或标识另外一个事物的东西”。当我们欣赏建成环境中符号的意义时，我们还需要更多的信息。

真正的符号（而不是一个标志）所产生的功能类似于化学反应中的催化剂，这种化学反应使两个化学物质相互作用，而两个化学物质本身并不改变。没有催化剂，这种反应不可能发生。相类似，符号有可能将人的意识心理带去与某种隐藏的对象或观念、有时是某些释放情感的东西相接触。

这样，符号就成了一种中间对象，这种中间对象具有属于它的意义。符号可能定义为一个对象（或声音、气味或结构），符号给大脑传达意义，符号不一定承载它所表征的那个现象的关系。符号是对一个水平上的意义做出提示，这个意义超出符号本身。“载体”这个术语也许就恰如其分地表达了符号的功能，因为符号把人的注意转移到经验的遗留物上。通往过去的路标，接近深层记忆的指示牌，把人的注意转移到不可接近记忆区的载体，这些都是对符号功能的类比，都是对符号意义的说明。

象征意义可能与实际记忆相联系，当然，符号同样可能强化神话。神话常常是完全简单化的结果。从激进的态度来讲，尤其是在那些民族对立影响生活所有方

---

* 这一章讨论符号象征。作者提出了符号对激活人的无意识活动区里积淀下来的经验材料的作用。什么样的符号可以产生这种效果呢？作者认为，就是那些反映原始人类处境的符号。当然，作者把这个问题放到了下一章。——译者注

面的地方，简单化表现得最为明显。

以量化的方式讲，符号有助于减少印象对可控范围的影响，这就是常常导致神话和过分简单化的原因。社会的文化发展，或个人，为了重新评估这个事实，陷入了摧毁符号的痛苦过程。这一点适用于对建筑和规划的态度，或对宗教的态度，或任何使用符号的事物的态度。英国的君主政治总是通过先打破禁锢皇家形象的陈旧标志，而在最近这些年的民主进程中得以生存下来。爱丁堡公爵通常设法比攻击传统观念的人先走一步。

即使当符号代表革命，符号还暗指制度。蒙特利尔人居中心（Montreal's Habitat）的标志代表了新生活秩序的观念，但是，它的所谓新的基准却是过去的。其实真的没有现在的这类事物，只有未来和一定程度的过去。现在就像“埃利奥特旋回圈上的静止点”那样无穷小。现实是历史和愿望，它们都是符号的传播。

有些象征手法通过类比进行交流。诺伯格 - 舒尔茨（Norberg-Schultz）把符号类推的基本特征表述为：“符号化意味着借助**结构相似性**（structural similarity）去表达另一个介质中的事物状态。”[1]

然而，这种对应一定不能融合成替代物。正如兰格（Langer）所指出的那样，“符号并不是对象的代替物，而是**对象概念的载体**”。[2] 在符号和它的对象之间，不会是一一对应的，当然，可能具有某种程度的形似。

一种象征的基本特征是**简约**（economy）。它表达整体的一个部分。在中世纪，人们认为，符号是对象中实际存在的物质。这样，哥特式大教堂不仅仅代表“新耶路撒冷”，而且，哥特式大教堂既是锡安（Zion）的前哨，也把锡安包囊其中。符号是对象中实际存在的物质，这种观念曾经是柏拉图哲学的一个方面，柏拉图哲学对 12 世纪的复兴具有决定性的意义。

经济增加了主体和用于表示标志点的形象之间冲突的影响。按照福斯（Martin Foss）的观点，“标志不只是消除掉了细节，而且还抽取出能够离开被抽取对象和成为被抽取对象整体的每一种东西。倾向准确本身就是倾向省略……。”[3] 一个具有现实意义的标志具有诗一般的品质。通过简约和压缩，符号把思维带到了一个隐藏在通常环境表达背后的知觉水平上。所以，最有效的符号正是那些不精确的、松散的和开放式的符号，更多地倾向于暗喻而不是明喻。

这些符号也有一定似是而非的品质。符号和对象有些对应点。同时，一定还有

1 Norberg-Schultz，Intentions in Architecture，Allen and Unwin（1963），p.57

2 Lange，Philosophy in a New Key，Oxford University Press（1951），p.60

3 M. Foss，Symbol and Metaphor in Human Experience，Princeton University Press（1949）

某种程度的完全对立。拿凯斯特勒的话讲，符号在一定意义上具有“联想的”品质。只要符号是它的对象的极端化，符号就是一种能量源泉——它产生一种心理火花，类似于一个电子回路，只有在正负极机械性地连接起来时，能量才会流动起来。就符号而言，在能量向空间释放的地方，两极沟通起来。最重要的符号是与能量相关的那些标志。包括一个跨越时间鸿沟的电弧，把个人放到提高认知流的一个时刻中，也许可以沿用当代校园哲学的一个术语，“宇宙意识流”。在这个意义上，符号可以是一个创造性事件；在迄今不相关的记忆模式之间，符号是一种催化剂，影响着创造性相互作用过程。当然，这是最后一部分的主题。

最后，在对这个主题做初步评价时，许多人认为，在思维和形象之间存在一个作为中介的深层次的标志，在思维和形象之间的这个中介，激活无意识心理活动区里的材料，实际上，整个文化、文明或人类都有这种无意识的心理活动。在这个层面上，缺乏想象的一般理性思维过程，不会破坏符号的影响。

从一般到特别

至少有 4 个不同符号象征领域与城市环境相关。它们是：

1. 联想的象征
2. 适应文化的象征
3. 熟悉的象征
4. 原型符号

联想的象征

对建筑师来讲，联想的象征（associational symbolism）意义不大，因为建筑师通常无法控制这种符号。联想的象征涉及个人经验，联想的象征与特殊类型的环境相联系。我曾经有过这样一个经历，一辆火车在一个铁路道路平面交叉口与一辆军用卡车相撞。自从那次事故后，铁路道路平面交叉口对我具有了特殊的意义。

小创伤可能是童年度过的生活场所的联想的象征，如家乡。因为视觉对象提供了那些时期非常熟识的环境，或一个简要且挥之不去的经历，所以，这些视觉对象就成了简单的线索。这些视觉对象的风格或价值几乎没有什么相关性；重要的是与之相联系的经历。成功的人可以非常怀恋他们的贫民窟，因为他们曾经历经艰难地从那里逃了出来。

适应文化的象征

第二类象征手法，适应文化的象征（accultuated symbolism），也是联想的，但是，它与文化影响相联系。我们可以使用不同的术语来区别个人联想和集体联想。很明显，视觉对象的符号对建筑师更有意义，它的语言交流从微观到宏观文化层次。威斯特摩兰村舍是一种亚文化标志，对地方具有特殊的意义。但是，它的符号意义不能与议会大厦同日而语。如果德国人在 1940 年犯了战术性的错误，不是把炸弹投到机场，而是投到伦敦中心，摧毁了伦敦的大本钟，那么，德国人可能至今还会在心理上受到折磨。作为英国的象征，没有什么可以与大本钟相提并论的。普金（Pugin）所做的远远超出他自己所知道的。

维多利亚风格擅长于将象征主义应用于建筑。在建造法庭时，人们认为经典建筑风格适当，它把罗马人的公正和希腊人的理性形象结合起来。利物浦的圣乔治会堂，华盛顿的最高法院，成为了大西洋两岸的法庭标志。曼彻斯特的现代法庭建筑常常传达了相同的观念，当然，它做了适当更新。

另一方面，市政领导人热衷于与理想的中世纪基督教挂钩。曼彻斯特市政厅这类新哥特式建筑告诉市民们，他们的议会议员们都是按照纯基督教原则办事的，具有把新耶路撒冷变为现实的愿景。这种符号依赖于一种文化中的共识区。它是能够交流的，因为人们理解它的形象。人们通过文化互渗了解信息。

熟悉的象征

熟悉的象征（symbolism of the familiar）或许可以再分成惯例：日常的环境形成了日常工作的背景。正是这种环境掉进了这样的图式。因为它代表了没有问题或没有惊喜，象征着安全和连续性。

另外一个细分涉及历史建筑：即那些建筑真正代表并象征着一个不同的时代。所以，它将是一个足够向远方延伸至已经归纳为一个象征着神话的年代。中世纪的符号神话主导了普金的整个建筑生涯。对他而言，中世纪构成了一个黄金时代，所以，这种形象插入了一个心理滤网，仅仅允许那个时代的那些知觉发生，那些知觉支撑着这个中世纪的神话。

历史景观的一个重要意义在于，作为一个个体，历史景观存在于一个比直接现实还要宽泛得多的背景下。这些历史景观象征着主流生活的延续性。历史保护意味着预期的安全感。历史建筑里嵌入了人类的价值、文明的信念，产生了无时间约束的影响。我不认为，人类有意识地在历史建筑里嵌入了他们的价值和信念。实际上，人类是在无意识的状态下这样做的。当我们考察历史景观的象征性质时，

佩鲁贾的伊特鲁里亚门之一

这一点显现得特别清晰。历史景观的一个心理特征是，它总是把过去理想化了。这或许是由于存在这样一种机制，人类一般压缩了那些令他们不愉快的记忆，而把比较令人愉悦的记忆重新组合起来，达到一个比较高的回忆概率。这些重组的令人愉悦的记忆，一代又一代地传承下去，逐步成为一种集体记忆。所以，在集体记忆中，无一例外的总有一个黄金时代，所有的需要都得到了满足，人们是安全的,人们无忧无虑。建筑可以更容易地象征着一个黄金时代。希腊建筑代代相传，理想化了伯里克利的黄金时代。如前所述，普金把受害者也放进了与哥特式建筑的相同时代里。对于普金来讲，哥特式建筑象征着中世纪的盛世，实际上，那时教会控制着虔诚的和铁板一块的基督教社会。思维无法区分过去，所以，所有这类符号都会激起人们去怀念伊甸园、犹太教一基督教的黄金时代和人类的摇篮。这种建筑引起了所谓伊甸园（the Garden of Eden）连锁反应。当历史融入了建筑中，历史就不会消逝。建筑以看得见的方式，把我们与过去联系起来。站在佩鲁贾的伊特鲁里亚的门前，我们经历着的是完整的历史影响，同时，定格到了伊甸园的波长上。

第7章 城市文脉中的原型符号

最后一类是原型符号（archetypal symbol），十分重要，需要做更深入的思考。我们都认为，在城市环境中，符号找到了生动的表达，这是符号的另外一个方面。按照荣格的理论，一定的符号代表了原始人类的处境，这种代表原始人类处境的符号具有人类史前根源。另外，尽管这种代表原始人类处境的符号现在基本上不再被人的思维意识到，但是，这种符号的潜能并没有随着人类的发展而褪减。

在人类物种的早期进化阶段，这种代表原始人类处境的符号具体化了，所以，这些符号是集体的，甚至有可能是普遍的。由于这种符号以客观形式表达出来，因此，我们把它们称之为“原型”，“自人类诞生以来，这些典型基本经历的可能性一直都存在。它们对我们的重要性在于它们表达和传递的原始经验。”[1]

按照荣格的看法，这些原型形象具有当代的意义，“作为一个反应和积淀的系统存在着，以无形却比较有效的方式影响着我们的生活。”[2]

从耶利哥城（Jericho），经过苏美尔（Sumer）和那些最早期的城市，到最近这个时期，原型符号在城市环境的形式和规划中都得到了最详细的表达。问题是这种原型符号安排现在是否依然有意义。古代的符号是按照人类的早期需要而出现的，是对城市形式做出的反应，如果在这个假说背后的确存在任何一种力量，这个假说才成立。

每年吸引到古代城镇和欧洲城市的庞大人群就是支持这个假说的外部证据。美国似乎占有数量上的优势，在美国，城市化主要表达的是价值而不是表达人。在旅游季节，像罗滕堡（Rothenburg）这类德国城镇简直成了美国中西部地区跨大西洋的翻版。当然，意大利的城镇最接近原型符号的系谱。

这些城镇受到欢迎的部分原因是它们的历史。在这个瞬息万变的世界里，这些城镇是不朽的符号。当然，这些城镇的真正意义在于，在大脑的历史发育时期，

1　J.Jacobi，The Psychology of C.G.Jung，Kegan Paul（1942）

2　C.G. Jung，Seelenprobleme der Gegenwart，Rascher&Co.（Zurich，1931）. P.173

沿着一时间维度，存在这样一种可能性，这些城镇一定会让那些游客心中产生一种根深蒂固的共鸣。

有一种有关人类行为的“白板”原则（clean slate）* 或“空桶”理论（empty bucket），这种学说认为，所有人类生命从一个完全未开垦的大脑皮层开始，当然，人们越来越怀疑这种学说了。乔姆斯基是这个领域的领军人物之一，他认为语义存在着“深层结构”，这个深层结构包括了语言的同源规则。不论智力或环境优势怎样，幼儿掌握了人类复杂的语言规则。进一步讲，有证据表明，所有国家的正常儿童，大体在同一个年龄段，通过相同的语法阶段，都能掌握非常不同的语言。

空间感也一样，似乎不只是一个学习的问题。类似“边缘测试”这类实验所表明的那样，一定的基本空间感规则是“给定的”，这种人类与生俱来的基本空间感规则也许与他们的安全分不开。

如果真的存在有关环境和语言预设知觉的“深层结构”，那么，就没有理由去拒绝语义深层结构的存在，这种语义深层结构塑造了对符号语言的知觉。

有三件事影响着人类对环境的知觉。第一，经验以及与经验相关的记忆。每一个人都具有一个独特的纪录事件的图式，这个图式调整知觉。第二,一定的专门基因因素可能承载知觉。第三，存在负责知觉的大脑皮层系统规则，这些规则对于物种都是共同的。我们所关心的正是具有决定性作用的第二个特征和第三个特征。我们已经解释了为什么我们关心这两个特征，这里，有必要再详细地描述一下大脑的皮层系统。

大脑的皮层系统（cortical system）由三个脑的联合体构成，它们常常不协调。这三个子系统映射了人类的进化

最近，神经生理学研究增强了这样一种认识，视觉知觉（visual perception）涉及大脑的所有层次。神经生理学原先的研究表明,边缘系统有它自己的视神经系统，具有完全发育的知觉能力，能够实现“复杂辨认”。这里最重要的看法是，边缘系统按照原始的规则去接受信息。这些标准非常可能包括一个反应空间和光线构成

---

* 最著名的“白板论”者莫过于17世纪英国哲学家洛克了。洛克认为，人出生时心灵像白板一样，没有任何印迹，只是通过经验的途径，心灵中才有了观念，因此，经验是观念的惟一来源。但是，柏拉图认为，人在生下来之前，灵魂里就已经分有各种各样永恒的普遍形式“理念”，只是在灵魂与肉体结合而降生为人的时候，人们暂时忘记了它们；后来受到经验的刺激，引起回忆，才重新恢复他原有的精确知识。后来，笛卡尔把柏拉图的这种思想发展成“天赋观念说”。现在，作者重新提起了这个千年争论。当然，他使用了科学证据，用心理学、语言学的术语来解释，还有乔姆斯基的研究来支撑。贯穿全书，作者都表现出，他是一个笛卡尔论者。究竟那种学说是真理，或者都有合理成分？留给读者自行解决。其实，作者可能根本不是在谈洛克、笛卡尔所说的那个东西。现代科学认为，精卵结合之后的胚胎就是人，会受到外部世界的影响，所以，人出生时，大脑早不是白板了。——译者注

的预先配置，这种空间和光线构成产生一个原型线索。

因为原始视觉系统“看到”它面前的古典系统，所以，原始视觉系统的反应模式能够控制神经皮层有意识的反应。这就是为什么这个主题与任何一个涉及城市设计的人紧密相关的理由。

有关原型符号起源的问题只能得到个别答案，但是，从一般意义上讲，原型符号的起源一定与人类作为新物种婴儿期的经验相关。进化把原始人推过了临界点而成为**人属**（Genus Homo），有关这个看法，人们建立了多种假设。使环境客观化的能力有可能与进化把原始人推过了临界点而成为人属这件事相关。站在自然系统之外和把自然系统看成与自己分离的事物，这种能力一定既是令人振奋的，也是令人痛苦的。在犹太人的神话中，通过吃了“智慧之树”上的禁果，把站在自然系统之外和把自然系统看成与自己分离的事物这件事符号化了。人类懂得了裸体最好不过地描绘了人类对客观真理的第一次认识。

随着这个认识，人类认识到一个矛盾的自然，大自然既是生命的载体，同时也常常摧毁生命。人类为了弥补他自己在自然力面前的无能，创造出了许多符号，或中间对象，旨在提高自己的能力，祈求获得具有超能量的神的支持。符号从一开始似乎就是人类发展的载体。符号使人通过创造人工制品去面对自己所面临的情形，并根据个人的识别来计划自己的需要和理想的物品。

这种符号化的力量至少可以追溯到 3 万年以前阿尔塔米拉洞穴（Altamira caves）中的浮雕，这些浮雕意味着人类的古哺乳动物大脑已经具有了使用符号的能力，在完全使用大脑皮层的推理潜力之前，这种能力就已经明显存在了。

在人类文明发展的捕猎和游牧阶段，人类已经发展了详细的符号技能。当然，在“发明”了农业、定居和构筑防御工事之后，人类的符号活动突飞猛进地展开了。耶利哥城首先展示了这场革命性的变化。在这个原型城市里，人首先把古代符号安排扩展到整个城市的人工制品上。

当城市在尺度和复杂程度上出现了如苏美尔城市那样的奇迹时，符号的使用同样也变得越来越详尽和无所不包了。

里克沃特(Rykwert)描述了一个城市的落成典礼怎样成为一个庄严的宗教仪式，这种仪式产生了把市民联合在普遍秩序之下的效果。[1] 人们按照宇宙图来设想和规划城市，这种宇宙通常由各式各样的曼荼罗（Mandala）主题变种构成。在荣格的

1　J.Rywert，The idea of a Town，an extract from Forum，Published by G.van Sanne，Hilversum，distributed in UK by St George's Gallery，London

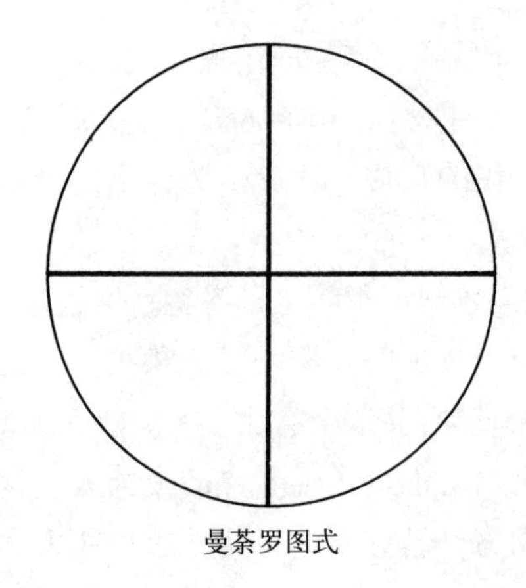

曼荼罗图式

案例研究中,曼荼罗图式成为最一致的原型主题之一。荣格确信,在“集体的潜意识”中，留下了曼荼罗的图式印记。

在谈到苏美尔人（Sumerians）时，西比尔·莫霍利-纳吉（Sybil Moholy-Nagy）认为：

> 他们对城市顶礼膜拜，并宣称他们已经创造了一个相当于星系的小宇宙。建设一幢通灵塔，也就是在天地正中心，建立了一个城邦。……人在这个宇宙中心不是一个地理事实，而是一个（哲学上的）真理。[1]

人类学家和神学家米尔恰·伊利亚德（Mircea Eliade）认为，苏美尔人的符号曾经得到非常宽泛的应用：

> 每一个东方城市都屹立在世界的中心。巴比伦，即巴卜－伊朗人，“众神之门”，众神从巴比伦来到地球上。中国王朝的理想首都坐落在三个宇宙区：天、地和地狱的交叉口上。

这是有关城市的象征问题的核心。几千年里，人们一直相信，城市是人与众神最靠近的地方，众神接受了的与人相会的地方，也是人最终与众神相遇的地方。在符号的“世界山”的顶峰，最高的祭司祈求超级力量来支持集体的规划战略。(这样的实践可能也是适用于今天。这种实践对某些怪异的规划决策提供了合理的解释。)

伊利亚德总结到：

1 S.Moholy-Nagy，The Matrix of Man，Pall Mall（1968），p.44

> 每一个小宇宙，每一个定居点，都有称之为“中心”的东西；一个凌驾于所有地方之上的神圣的地方，正是在这个中心，神圣以整体方式彰显出来。

这个符号的力量超出了宗教的边界，没有任何疑问，耶路撒冷神圣的平台类似于穆罕默德的世界观。实际上，穆罕默德正是在那里，通过他的神秘的坐骑，“闪电”，升至神。现在，我们有了“肯尼迪角”（著名火箭发射场）。

“世界之树”（World Tree）或“神圣之柱”是这种原型主题的另外一个变种，“世界之树”或“神圣之柱”的根或基础在地狱里，直插宇宙之角。

伊利亚德坚持认为：

> 吠陀印度、古代中国、德国神话以及“原始宗教”，都有不同版本的宇宙树，宇宙树直插天堂。[1]

所有这些都给“巴比伦塔”提供了很好的解释。所有这些还解释了大量建筑背后的符号动机。古代“宇宙树”的观念非常适合于基督教的使用，应用到“十字架”上，拜占庭礼仪把“十字架”描述为，从地球深处长出来，上升到大地的中心，尊崇这个宇宙为神圣的限度。

中世纪的大教堂对这个古代符号遗产做了最精致的建筑表达。沙特尔圣母大教堂（Cathedral of the Vigin，Chartres）的每一个建筑细部都是按照包含在这个神圣

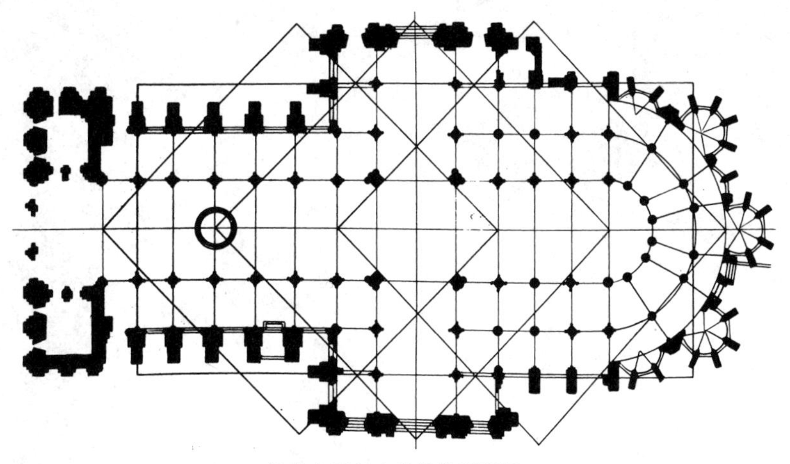

沙特尔圣母大教堂的平面图

1　M.Eliade，Images and Symbols，Harvill（1961）

图式中的宇宙数学而建设起来的。在沙特尔这个古老城镇的最高处，沙特尔圣母大教堂形成了一座宇宙山。沙特尔圣母大教堂神圣的柱子直插天堂。在沙特尔圣母大教堂高高的神坛下方，隐藏着一口古井，传统上被认为渗透到了下界。现在，沙特尔圣母大教堂留给我们的不过是一种审美意义，正是这种审美意义使沙特尔圣母大教堂成为不朽的重要建筑之一。它对于13世纪的人们来讲，其意义远非只是审美。在历史的一个时刻，沙特尔圣母大教堂似乎是从伊甸园（Garden of Eden）到锡安城的长途旅行的结束。最后一个伟大“中心”的符号象征是利物浦圣公会

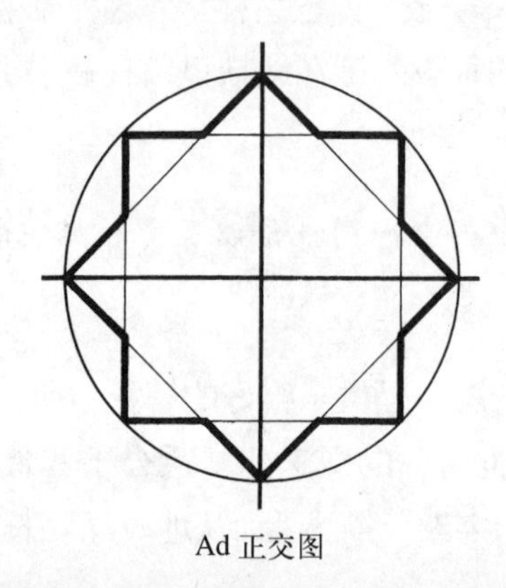

Ad正交图

利物浦的罗马天主教都市大教堂

利物浦的罗马天主教都市大教堂

大教堂（Liverpool Anglican Cathedral），它坐落在寸草不生的石头上，支配着这座城市，紧靠天主教都市大教堂，对它的文字解释可用“文山”来形容。

总而言之，海因里希·齐默（Heinrich Zimmer）肯定，有某种真相：

> 早已不复存在的时代和态度依然留在灵魂深处（或边缘系统的较深层褶皱）的潜意识层面上。古代人的精神遗产（曾经指导他的有意识生活的礼仪和神话）很大程度地从可见的和有意识的层面消失了，但是，它现在依然存在于潜意识中。

供奉

一个非常重要的原型主题是这样一种信仰，在一个类似于死的经历之后，生命才能完全实现。这种信仰在礼拜供奉仪式上表演出来。迪利斯通（Dillstone）认为，供奉仪式“是人类历史上实践最为广泛和对宗教做出多样性解释的活动之一。”他看到了这个符号模式的被动的和主动的成分。

> 一方面，有一种接受死的冲动，自焚（象征性的），以便现在的生活可以延续下去；另一方面，有一种把握生命的冲动，杀戮（象征性的）一个受害者，以便它的生命有用。[1]

锡耶纳田野广场

1 F.W.Dillistone，Christianity and Symbolism，Collins（1955），p.247

从哥特式大教堂到印度教庙宇，宗教建筑具体地表达了供奉符号象征。在中世纪的欧洲，大教堂和城市之间没有划分，城市本身也是宗教压力的一种表达。这样，我们发现生与死的冲突延续到了城市综合体很多元素之间的对话中，就没有什么值得奇怪了。无论这种对话是潜意识心理氛围的蓄意表达，还是潜意识心理氛围的简单表达，结果没有什么区别。特别是在那些意大利的城镇里，在黑暗及有限空间与宽阔、阳光普照的广场之间的对话，一定具有符号的成分。同样，当形式、色彩和纹理清晰的城镇景观，与直接源于原型的建筑同时存在时，城市构成了一个对立统一体，这个对立统一的城市至今像 13 世纪一样深刻地影响着人们。

通过 S. 马蒂诺到锡耶纳田野广场的隧道

从建筑峡谷看锡耶纳田野广场

在这种原型层面的交流能力方面，锡耶纳（Siena）在所有意大利城市中是无可匹敌的。锡耶纳的田野广场（Piazza del Campo）是欧洲最好的中央广场，巅峰之作共和宫以及它精致的钟楼可以追溯到 13 世纪。但是，田野广场没有礼仪性的序曲。人们通过低矮、狭窄的门楼或通过建筑之间形成地深深的“峡谷”进入田野广场。符号的消失是到达永恒的前提，世界上没有任何一个地方对这个主题有过如此明确的表达，如果认为锡耶纳规划对这一思想的表达不过是一个偶然所为的话，那我们就低估了中世纪思维中宗教符号象征的掌控力。

锡耶纳的一般街道两边，排列着金黄色粉刷的联排住宅，锡耶纳大教堂则用白色大理石装饰成为令人惊叹的复杂立面，当我们从这些世俗的街道进入锡耶纳大教堂广场，我们能够感受到有符号与无符号两极之间的关系。锡耶纳随着这个末世城市（eschatological city）的符号而跳动着，“末世城市不需要太阳或月亮去照耀它”。

走近锡耶纳大教堂

锡耶纳大教堂的立面

奥地利的萨尔茨堡

秩序

城市的象征的复杂环境中包括了被纷繁的大自然夺去的秩序的形象。人乐于把自己纯粹的和复杂的人工制品与纷繁杂多任意混杂在一起的大自然对比，在这种有序与无序的对比上，没人超过希腊人。当然，矛盾依然存在。一方面，人欣赏自己征服了自然，另一方面，人维持着与自然的接触。人的根基在自然中，人并不希望切断这种根基，不过是某种程度的延伸罢了。因此，在水泥森林中，偶然生存下来一些孤零零的树木，建筑师和规划师们充满热情地把这些树木融入城市综合体中，这是十分令人痛心的情形。（也许这并非偶然，《居住在森林中的人》的作者也是一个建筑师。）

人工产物和自然界之间的对话越激烈，方程两边的值就越大。萨尔茨堡（Salzburg）华丽地矗立在山峦中；夏蒙尼（Chamonix）则受到山体的威胁。

法国的夏蒙尼

水

这个主题必然受到注意，因为水是最根本的原型符号。水的含意是双重的，既象征着生命，也象征着死亡。按照圣经、可兰经和埃及神话，水是第一个生命诞生的环境。水与生命的诞生相联系，所有的生命要生存下来，水是必不可少的。同时，水对人的生存也有不利的一面，原始的浩淼图景就是水具有灾难性的证据。在巴比伦的神话中，水被人格化为阴险的女神提亚玛特。巴比伦文化的中心主题之一就是神圣的英雄马杜克和提亚玛特的宇宙大战，英雄马杜克最终战胜了提亚玛特。相类似，美索不达米亚人创造了“明亮的气神和黑暗的水神之间大战的神话”。从圣经中邪恶的海怪利维坦和贝希摩斯到尼斯湖水怪，对人类来讲，海怪一直都充满着魅力。

在早期宗教中，落入水中和完全淹没象征着死亡，这一点是可以理解的。当新教徒以这种方式淹没到水中，那么，这个新教徒将会在土地上复活和再生，从此开始新的生活。心理学家埃里克·弗洛姆（Erich Fromm）把通过或横跨水的过程描述为“一个古老和普遍使用的符号，……开始一种新的存在形式，……放弃一种生命形式，而获得另一种生命形式。”[1]

所以，当我们把水融入城市环境中，强大的符号就把城市环抱起来。广场中的喷泉、水池或河流，都具有这种深远的双重象征意义。贵族的罗马住宅前或庭院里的方形蓄水池，或基督大殿中庭里的喷泉，都具有这种象征意义。在比较大的尺度上，城市与大海之间反差的意义远远超出景观的意义。正是这些元素的另外一面给城市环境赋予了广阔的思维境界。跨过一座桥梁，滨水而立，依然在思维深处唤起一种反应，它们象征着人类的基本处境。

形象的力量

还有最后一个城市重要的符号属性，这个属性与神话或魔幻没有关系。这个符号属性绝对是拟人化的。在苏美尔人的城市基础背后，有一个通用因素，希望表达一种力量和优势。苏美尔人的城市表达出一种集体的自我形象；苏美尔人的城市是一个超级人造物，它呈现特殊人群的脸孔，这些人把城市观念从城镇延伸到城镇之外特殊商业和政治生态、艺术奇迹上，称之为城市。

1　E Fromm The Forgotten Language，Grove Press（New York，1972），p.155

> 苏美尔人在精神上或物质上都做不到，他们也没有推动他们行为和深刻影响他们生活方式的特殊心理动机－野心、竞争、侵略，似乎远离君临天下、胜利和成功的伦理动机。[1]

为了让这些动机得以实现，苏美尔人祈求的是众神，祈求那些知觉到有责任“执行反对无所作为的神圣命令”的那些人。苏美尔人是目的论导向的人群，总是被动地做出反应。除了发明城市外，苏美尔人也创造了在西方延续至今的线性文化，这并非巧合。城市是这些内部驱力的三维成果。自从苏美尔人在公元前2000年中期衰退以来，城市的象征和城市生态一直都是西方文明飞速“进步”的基本驱力。人们继续创造着城市，因为人们不仅仅掌握了塑造集体野心的工具，人们还符号化了社区的超级形象：人们集中体现和理想化了城邦文化。整个罗马帝国表现了整个国家的超级形象，用城市标志它自己，每一个殖民地都打上了罗马帝国的印记。

标志

创造一个与乡村生活相对立的城市，在过去的4000年或5000年里，这类动机可能已经有了某种程度的改变，但是，这类动机从本质上还是明显地保留了下来。反对当代城市建筑枯燥无味和无特色的判断可能源于这样一个事实，社会依然认为城市是城市自己超级形象的一种表达，这种城市形象还不是人们的理想城市。市民们不再希望用城市作为自己的标志。这一点很重要，因为这种标志是那个城市提供心理支持的基础。

城市的象征意义在历史上一直都强调商业、政治和宗教的复杂交融混合。商业、政治和宗教之间的边界曾经是模糊的。许多鲜活的对立都是现代才出现的，如两种文化观念，或神圣的和世俗的文化观念。事情似乎是这样的，直到最近，人们很享受地面对着两极符号的并存。这些对立面在城市里得到了真实的表达，一个时刻，城市昏暗和紧缩，而在另外一个时刻，城市广阔和阳光灿烂。拥挤不堪的高密度贫民窟住宅与庙宇或大教堂的纪念性建筑形成反差。在城市里步行就是在感受人性的脉搏本身。

一定的历史城市深深地影响着当代思维，因为这些历史城市以一种方式满足人们的需要，这种方式在工业和后工业城镇中是断然不存在的，这种城市对这个需

1　S.N Kramer，The Sunerians（Chicago，1965）

要层次的最大贡献是，它是完整的人类处境，对立统一的、黑暗的，光明的，一种永久有效的象征。总而言之，历史的城市证明，创造性的、可延续的共存原则。城镇对知觉的影响是成系列的。历史城镇的强大在于这种**关系**原理，这样，在反对当前的分散化思潮中，历史城镇几乎成为一种道德的潜质。整个城市能够把这个原理融合到作为个别的人和作为整体的社会中。也许，现在最大的需要是接受多样性统一的概念；源于张力增强作用。在实现多样性统一的目标上，没有任何人类环境的其他方面能够像城市那样，具有积极的或决定性的潜质。这种责任很容易通过诋毁这个问题而受到限制。

第8章
关系的知觉和价值体系

我们可以按照记忆图式对建筑进行分类，除了这种知觉外，我们还有一种知觉系统涉及一系列视觉元素之间的关系，也就是说，在对一系列视觉元素之间的关系做出反应时，会出现另外一种知觉。

当视觉对象的一定特征呈现跨时空的一致性时，这种一致性特征就是“风格”。因为视觉对象呈现出了一定模式的关系，所以，我们可以辨认出视觉对象的风格。高度和宽度之间的比例，虚与实之间的关系，建筑元素形成的节奏韵律，或材料和色彩之间的关系等，都可能构成一定模式的关系。我们通过形状和材料来辨认科茨沃尔德小屋（Cotswold）也可通过巴斯克人住宅特有的门窗，以及白色和红赭石色的色彩设计来辨认它。

人们一般把这些一致性模式或“风格”看成一种价值体系，审美内容通常与这种价值体系相对应。所以，我们需要对这种一致性模式或价值体系做些详细分析。虽然在建筑和城市设计中存在多种价值体系，但是，有些建筑和城市特征在所有价值体系中都有反映。理解这些法则是评价建成环境中知觉复杂性的一个基本要素。

首先，关系原则适用于所有价值体系。一个主题或对象之所以具有意义，是因为它与其他主题或对象有联系。单个音符没有任何美学潜质。只有当一系列音符随之而来，才能产生出乐曲，或由其他音符支持，形成一个和声。关系还对一个对象实施调整。我们可以用色彩来说明这一点。无论相邻色彩是什么，一个强度很高的色彩都会按照与之相邻的色彩改变其色调。两条长度相等且平行的直线，因为终止状态不同，会给我们造成错觉，这个事实也证明，关系正在调整对象。

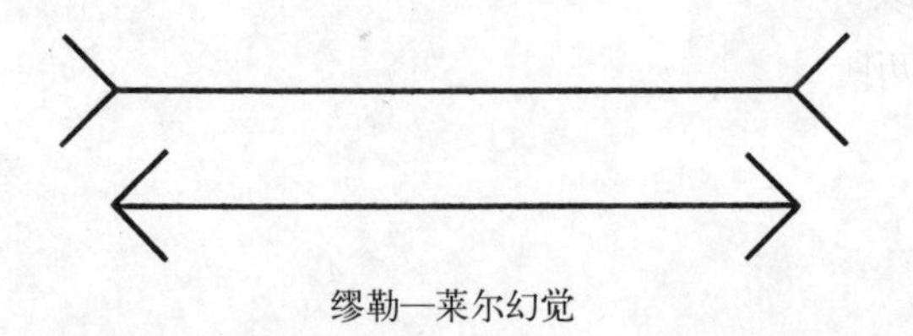

缪勒—莱尔幻觉

仅仅把元素并列起来，不一定必然产生出审美潜质（aesthetic potential）。当观察碎片在大脑中结合起来，形成一个既具有连贯性又优雅的模式时，审美反应才会发生。出其不意是重要的，但是在审美反应领域里并不是最重要的。产生美的始终不变的条件是部分之间**有意义**的关系。作为相对背景的图形，一种对象变化的表达，都会使我们突然觉察到一种意义，这种经历也许类似于“柳暗花明”的经历。

其次，所有价值体系的第二个特征是，一组视觉对象以特定的方式组合在一起，成为一个整体的部分，这些视觉对象在整体中所具有的意义，比起它们在简单堆积中的意义要大。这个特征类似于自然界中的“整体论”法则。

乍一看，发生在两千年里的建筑风格的多样化似乎排除了可能的模式。以下两段引文好像认定了这一观点，它们具体揭示了相关时期的限制。第一段引文是阿尔贝蒂（Alberti）对维特鲁威（Vitruvius）著名论断的复述：

> 美存在于一幢建筑所有部分的比例的合理整合中，因此，每一个部分都有它的固定的规模和形状，要想不破坏掉这个建筑的整体和谐，什么也不能增加，什么也不能减少。[1]

第二段引文是文丘里（Robert Venturi）的一个信条：

> 我喜欢建筑中的复杂性和矛盾。……一个合理的建筑产生了许多层次的意义：它的空间和它的元素同时以若干方式可读和可行。——我喜欢不纯的形式，而不喜欢纯的形式，我喜欢妥协，而不喜欢“排斥”，我喜欢变形，而不喜欢“直来直去”，我喜欢模糊，而不喜欢“清晰”，我喜欢隐喻，而不喜欢“简洁”……[2]

从一个意义上讲，建筑和城市发展代表了一个连续的变化。同时，一些反复出现的模式要在深层次的感受中才可以辨认出来。建筑和城市发展既是连续的，也是循环的，所以，螺旋式上升是对发展最适当的描述。

周期性的文化循环有三个不同的阶段，每一个阶段代表一个一致的和确定的价值体系。我们可以把每一个阶段看成一个独立存在的审美对象。

刚刚引用的两段文字提及了文化循环的限定。虽然这些限定在每一点上似乎都

1　R.Wittknow，Architectural Principles in Humanism，Tiranyi（1952），p.6

2　R.Venturi，“Complexity and Contradiction in Architecture”，Perspective（Yale Architectural Journal），Sep/Oct（1965）18

存在着矛盾，但是，这些限定却有机地联系在一起。因为这些引文涉及了每一个人格中存在的矛盾的心理动机，所以，我们实际上在字面意义上就可以设想这种有机关系。一种人的信条是选择内外平衡。用艺术术语讲，内外平衡产生**经典的**[*]倾向。另外一种人选择以最优的自我表达和自我实现作为目标。在最优自我表达和自我实现目标主导下，人们不断重组记忆中贮存起来的信息。这是人们心理上的激进方面，在文化史的意义上，这个心理上的激进方面称之为浪漫的动力；浪漫的动力主导着像文丘里那样人格的人以及他们的心理状态。[1]

因为文化的变化一直都处于频率加速的状态，所以，西方社会的大多数人似乎都青睐最优的自我表达和自我实现，倾向于心理上的激进方面。回到苏美尔人，按照西比尔.莫霍利-纳吉的说法，“苏美尔人以这种激进的心理状态形成了未来城市社会的基础”。[2]

文化循环的第一阶段可以描述为寻找和实现和谐的理想。维特鲁威的陈述最好地界定了寻找和实现和谐的理想。这种**和谐的**价值体系（harmonic value system）通常表现出 4 个特征，它们是：

一致性

比例

内在整合

宇宙整合

一致性

形式上的一致性原则或整体性原则，是古希腊、古罗马、中世纪、文艺复兴时期和 20 世纪等所有典范时代的特征。一致性可以用于建筑物或比较大的城市场景。一组具有一致性的视觉事件构成了一个视觉格式塔（visual gestalt）或整体（holon）[3]，

* 在这本书中，“经典的”（Classic）这个术语用来表示文化动机。“经典的”有别于完美样本意义上的典范。我是在“经典的”意义上谈论希腊建筑，我把希腊时期以后诸时期在希腊建筑基础上建立起来的风格称之为“典范的”。——作者注

1 Ref.J.Barzun，Classic，Romantic and Modern，Secker and Warburg（1961）

2 S.Moholy–Nagy，The Matrix of Man，Pall Mall（1968）

3 Ref The Ghost in the Machine，Hutchinson（1967）

我们可以把视觉格式塔或整体[1]定义为，通过最重要的特征约束成整体的元素集合，节奏和比例就是一种最重要的特征。我们可以把这样一组具有一致性的视觉事件或视觉格式塔与它的背景分离开来，把它作为一个独立实体来分析，我们还可以认为这样一组具有一致性的视觉事件是一个半自主的视觉系列。

交响乐曲就是一个很好的类比。恰恰是一个具有重要意义的音乐时期，交响乐才具有很高程度的内在平衡性和自主性。在一首交响曲中，所有的矛盾都得到了解决；前奏与结尾一致，结尾是前奏的逻辑延伸。借此考虑知觉中的价值体系，**关系**这个术语将会反复出现，因为关系确定了问题的核心。在一个古典主义“曲目”中，组成部分之间通常具有互补关系。一个乐章的结尾总是对这个乐章的开始做补充。

决定“整体”的关键因素是尺度。视觉整体一定是能够在有限时间里知觉到的。视觉整体一定处在一定的心理的和大脑皮层的边界内。就视觉整体范围而言，决定因素是视觉整体的知觉在多大程度上卷入了眼睛和头的运动。超出一定点，整体就瓦解了，因为需要用来影响知觉的形体破坏了这个整体。大脑皮层因素涉及记忆。音乐还是一个明显的例子。因为第一乐章、中间乐章和最后的乐章一定要在知觉上成为一个整体，所以，一首曲子的活力依赖于它的长度。如果最后的乐章与第一乐章相隔的太远了，第一乐章已经被遗忘了，那么，这首交响曲的形式和结构也就瓦解了。

对整体和模式的期待是人类思维的基础，似乎来自大脑皮层的右侧。知觉的基本动机之一是建立关系和发现隐藏意义模式的需要，也许因为这些隐藏意义模式意味着每个事物归根结底都是对宇宙整体性的一份贡献。

比例

比例是我这里说的“和谐四重奏”的第二个元素。阐述有关比例对建筑意义的理论很多，有时，这种理论是先验的。人们期望把历史的建筑塞进理论的比例制中去，这种期待本身可能就清晰地显示出这种心理需要模式。

比例是两个或两个以上实体之间关系的一个方面，这两个或两个以上实体是同

1　德文 Gestalt，意思是完形、形状、外形、形、形态等，应用“格式塔”研究人的心理意识活动，形成了一个称之为“完形心理学”的心理学学派。这个学派主张，思维是整体的、有意义的知觉，人按照先验的“完形”去感觉外部世界。人总是先看到整体，然后再去关注局部或细部，人们对事物整体的感觉不等于他们对局部感觉的叠加，视觉系统按照包括相近、相似、封闭简单在内的完形法则，把局部联系起来，在视觉上形成一个整体。——译者注

一观察对象的组成部分。无论是一座希腊神庙，还是住房部（Ministry of Housing）对“公制住宅外形”（Metric House Shells）的规定，都是利用标准比例制来推行一致性，消除个人主义，这是一种经典倾向的表现。比例制从来或多或少是一种公理，一个实体按照其他实体可以接受的量超过其他实体，而不是以支配其他实体的量去超过其他实体，在这类复杂系统中，实体间各式各样的对立均被抵消了，从而产生出一个和谐的复杂系统，比例制一般服从这些关系。

希腊建筑使用了两种基本比例制，可以用来说明上述论断。正方形的一个边长与它的对角线成比例：$1:\sqrt{2}$，或 1：1.414 是希腊建筑的第一种基本比例制。阿波罗神庙、埃皮鸠里乌斯和宙斯神庙、奥林匹亚神庙都是使用的这种比例。希腊建筑的第二种基本比例制比较复杂些，有时被描绘为黄金分割：“一个矩形的短边与长边之比，与这个矩形长边与短边长边和之比相同，”产生出 1：1.618 的比例。

沙特尔大教堂内部

中世纪，人们从五声音阶中得到了另外一种重要的比例制：1∶3∶5∶8。这些比例主导了沙特尔大教堂。这种比例制接近黄金分割，更接近沿 1∶3∶5∶8 向前推进的比例制，例如，13∶21=1∶1.615。

不知道沙特尔大教堂建筑师姓甚名谁，不过，这个建筑师似乎在他的设计中把 1∶$\sqrt{2}$ 的比例制和 1∶3∶5∶8 的比例制结合了起来。这个建筑平面令人信服地产生了一个正方形制。基本形状由一个正方形，转向 45°，叠加到另一个相同尺度的正方形上。这种基本形状出现在若干个中世纪建筑图上，例如，一个支柱底座的平面图。这种基本形状也与这种陈述十分一致，这个大教堂是“按照四方形”设计的。这个形状自然产生 1∶$\sqrt{2}$ 的比例。

在主要元素的布置上，沙特尔大教堂的平面也显示出与 1∶3∶5∶8 的比例制一致。整个教堂的内部，从立面上反映了 1∶3∶5∶8 的比例制，甚至建筑石块的尺寸也反映了 1∶3∶5∶8 的比例制 [1]。沙特尔大教堂是经典建筑最神奇的丰碑。

自从毕达哥拉斯（Pythagoras）以来，建筑的比例制与音乐的音程一直有着紧密的联系。正是毕达哥拉斯，发现了两个小整数之间的比例决定音乐的和声。如果在相同条件下拨动两根弦，一根弦的长度是另一根弦长度的一半，它们之间的关系是八度音程，可以用比例 1∶2 来表达。如果这两根弦之间的关系是 2∶3，这个音高上的差会产生一个五度音程，如果这两根弦之间的关系是 3∶4，那么，这个音高上的差会产生一个 4 度音程。希腊音乐基本上是由八度音程、五度音程和 4 度音程组成的，所以，希腊音乐能够表达成（1∶2）、（2∶3）、（3∶4），或简单地表达成 1∶2∶3∶4。这个序列还包含了八度音程加上五度音程 1∶2∶3 和两个八度音程 1∶2∶4 等两个复合和声。[2]

音乐和建筑之间的关系一直都是古代、中世纪和文艺复兴时期设计上基本决定因素之一。16 世纪，帕拉第奥（Palladio）在把音乐和建筑之间的关系推到了巅峰。帕拉第奥把那个时代的复杂音乐理论用一种独特的一致性合并到了他的建筑中。帕拉第奥这种结合的基础是阿尔伯蒂提出的以下原理，而这个原理是从毕达哥拉斯的发现中推论出来的：

> 我们认同的声音影响了我们的耳朵，让我们愉悦，据此而产生的数字非常类似于引起我们眼睛和思维愉悦的数字。所以，我们将把我们在音

1　Otto von Simson The Gothic Cathedral, Bollingen Foundation, New York(1956), Routledge and Kegan Paul(1962)

2　R.Wittknow，Architectural Principles in Humanism，Tiranyi（1952），p.91

乐中产生出和谐关系的那些原理，借给非常了解这类数字的那些人们。[1]

首先，我们已经把这个观点延伸来证明这样一个事实，比例制在创造建筑上已经发挥了决定性的作用，其次，我们还把这个观点延伸来证明这样一个事实，比例制包含了和谐的关系，这种和谐关系最容易以音乐作为媒介而感受到。另外，数目之间的间隔所构成的关系，足够产生意义和愉悦，当然，不会太小，也不会太大。

柯布西耶把这些都现代化了。如同其他经典时代的建筑师，柯布西耶知觉到，20世纪需要与一种比例制保持一致，结果是柯布西耶模数（Corbusier modulor），这个模数的基础是，一个站着的人与一个手臂伸过头顶的站着的人之比。很高兴，结果是1∶1.618的比例。

内在整合

和谐价值体系的第三个产物就是内在整合或一体化。在文艺复兴时代，理想的几何形状是圆。因为圆没有开始，也没有终结，所以，圆是代表神的最完美的符号。因为宁静不包含任何冲突因素或突变点，所以，圆还是纯粹宁静的符号。无论在什么时代，经典建筑的目标始终都是，消除建筑物组成部分之间的冲突，把多种元素之间的反差减至最小。希腊建筑已经变成了这种哲学的原型。还原到希腊建筑的本质，希腊神庙是一个矩形的房间，坐落在垫起来的地基上，上面铺着屋顶。由于这种原材料，希腊人创造了这种前所未有的复杂的建筑艺术作品。

墙壁和屋顶是一个建筑中存在的两个明显不同的元素。在希腊神庙中，檐柱替代了承重墙，檐柱把接纳的空间效果带入建筑物，从而把建筑的内和外协调起来。通过一个沉重的柱上楣构，墙壁被“固定”到了屋顶上。这就提出了一个问题，垂直的和水平的如何协调起来。朴素而高明的解决办法是多立克柱头，多立克柱头也把圆形和矩形结合在了一起。直到帕提农神庙（Parthenon）建成，柱帽的形状才逐渐完善，帕提农神庙影响了从水平到垂直的最微妙的转变。线和垂直是帕提农神庙的主要特征，纯圆柱形的形式是外来的，所以，通过在柱子上刻凹槽，在柱子上加入线状的品质，凹槽与帕提农神庙的标准单元。

下一个问题是，如何把帕提农神庙的侧面和前立面一致起来。一个使侧面和前立面统一起来的强有力元素当然是柱子围廊。但是，柱子围廊不能解决把屋檐檐

1 Alberti，De re aedificatoria，Book IX，Chapter 5

口与山墙联系起来的问题。现在，我们理所当然地把这种古希腊三角形楣看成古典建筑的关键，一方面根据屋顶形状，另一方面根据柱上楣构的水平线，产生檐口三角形的方法，的确显示了整合设计发明的最复杂部分。

按照罗伯逊（D.S Robertson）的判断，导致多立克建筑衰落的基本因素之一就是柱上楣构的转角。[1] 建筑师把三陇板置中地放在柱子顶部，但是，有人认为，三陇板应该与角落相交。对于希腊人的思维模式来讲，这种愿望构成了一个无法解决的问题，这样做会削弱多立克式建筑的整体性。

伊克提诺斯（Ictinus）和卡里克拉斯（Callicrates）在帕提农神庙用来纠正光畸变的装置一直让后来人疑惑不解。自帕提农神庙以来，没有任何建筑的设计，像帕提农神殿那样，引起如此完整的和谐与秩序的知觉。帕提农神庙与重力和光线这类自然现象相协调，也与人的整体平衡的需要相协调。后来许多影响我们认识风格的那些建筑特征都是帕提农神庙所使用的经典建筑语汇的延伸，这种经典建筑语汇旨在实现所有对立元素之间的和谐。

11 世纪和 12 世纪是另一个纯发明时期。一个基本设计愿望还是寻求实现相互联系各方面的平衡。维泽莱的圣马德琳修道院（Abbey of Saint Madeleine），欧坦的圣拉扎尔修道院（Saint Lazare），还有沙特尔大教堂这类建筑，都是寻求实现整合愿望的最高体现。垂直的柱子和水平的衔接控制建筑的内部，使高度与宽度，水平平面与垂直平面相协调。

一座希腊神庙或一座哥特式教堂的整体性，在很大程度上归功于有规则的变化。如柱子这类重复元素之间不变的间隔，很大程度地影响着整合，这种整合抵消了不同的特征。在中世纪的教堂中，建筑师在主拱廊、教堂拱门上面的拱廊和天窗上都设置了不同但相关的节奏。主拱廊的规律可能反映拱顶的节奏，或让这个节奏出现两次，如卡昂的圣埃蒂安修道院。无论在哪种情况下，结果都是一个压倒一切的统一体。

人工制品与自然之间所实现的那种协调也许是最根本的对立元素的协调。实现人造物与自然之间的协调，有可能是中世纪和文艺复兴时期宫殿或府邸建筑设计背后的动机，这种宫殿或府邸建筑使用粗面石砌筑地面，在此之上的地面则用方石铺装。帕拉第奥在设计维琴察的希安府邸（Palazzo Thiene，Vicenza）时，做了一种微妙的转变,从粗糙和任意的设计转向复杂巧妙的设计。第一层还是使用石材，但是，是经过雕刻而拼接到一起的。当这个建筑从自然中出现时，逐步成为非自

1　D.S. Robertson，A Handbook of Greek and Roman Architecture，Cambridge（1954）

维泽莱的圣马德琳修道院

欧坦的圣拉扎尔修道院

然的。但是，它努力部分满足自然 – 做一点变更。

帕拉第奥在他的乡村别墅，如特里希诺别墅（Villa Trissino，Meledo）的设计中采用了不同形式来协调建筑和自然。他设计了这样一种方案，这座房子延伸出 2-4 个侧翼，让这个建筑之中出现自然的元素。正是在建筑和自然之间建立起来的这种和谐关系，很大程度地影响了 18 世纪的英国贵族。

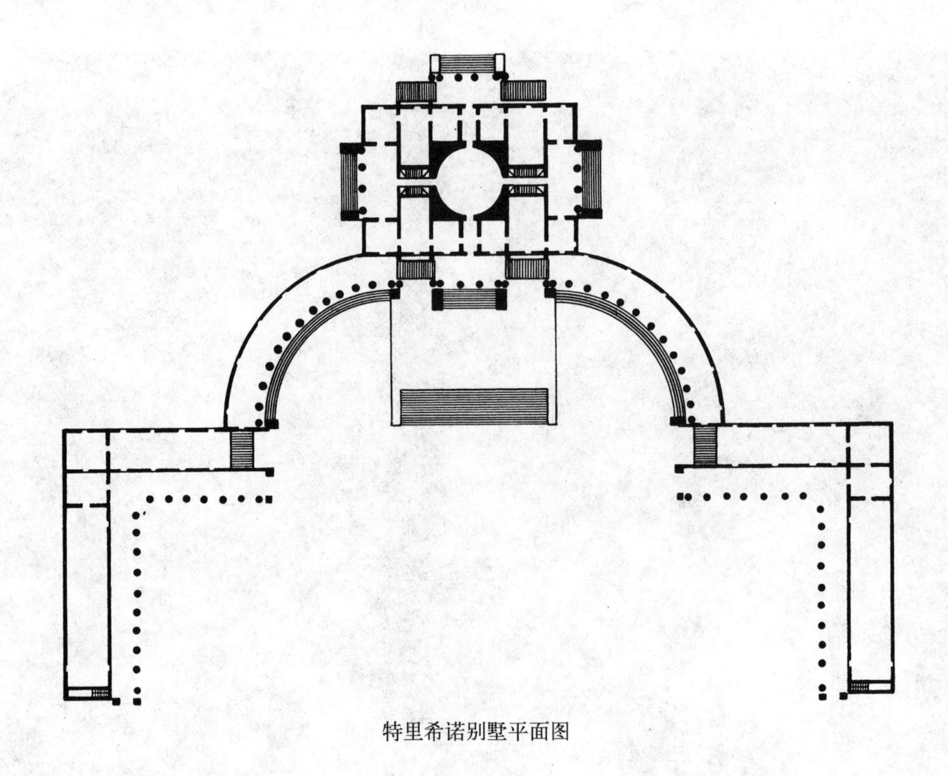

特里希诺别墅平面图

宇宙整合

这种类型的整合描绘了在艺术和建筑中表现出来的一种把作品与更宽泛的秩序联系起来的需要。也许因为大脑皮层的发展，人一直都要求保证，他是宇宙整体中的一个有机部分。自人类文明的最早时期以来，哲学家、神学家、艺术家和建筑师一直都在思考把人卷入宏观宇宙的问题。

数学从最一般的意义上揭示了人同宇宙的联系。数学揭示的这种联系首先显示为比例理论的哲学延伸。这里有一个根本差别。迄今为止所提到的比例系统源于对和谐的思考，如从音程中获得的愉悦，转移到建筑上的和谐。在比例系统背后，还有另外一种强有力的动机。这个动机包含在数字体现了世界和宇宙的奥秘这样一种理论中。长期以来，人们从纯粹合理性、哲学的道理和神学的理由上，来使用一定的比例系统。柏拉图对此功不可没。根据毕达哥拉斯的学说，柏拉图证明，完美的和谐藏在四方形和立方体中，1：2：4：8和1：3：9：27两个序列的集合产生了宇宙的秘密变化规律。柏拉图在《蒂迈欧篇》中设想了基本物体，它们是构成世界的材料，……

造物者用手把这些材料结合在一起。按照完美的四方形和立方体几何比例安排量，会影响世界的结构……相同的比例也决定世界－灵魂的结构。

经院哲学家奥古斯丁（Augustine）和他的学生波爱修斯（Boethius）把这个可以追溯到柏拉图的思想线索，与基督教圣经思想联系起来。在《所罗门的智慧》中找到了这样一段话，“你以丈量、数量和重量安排了所有的事物。”按照埃米尔·马勒（Emile Male）的观点，“奥古斯丁认为所有事物中的数字反映了智慧，……一个自然和道德世界的构造以永恒的数字为基础。”[1] 三个伟大的思想活动中心，蒂埃里（Thierry）领导下的沙特尔学派，熙笃（Citeaux）的修道院和伯尔纳（Bernard）的明谷修道院，发展了奥古斯丁的这种思想。这种经院哲学观念在建筑上的意义体现在这样一个事实上，圣德尼修道院的修士舒格尔（Abbot Suger）在新圣德尼修道院建筑设计中，使用了这种经院哲学的观念。从那以后，在建筑设计中，数学神秘主义占据了主导地位。

这个可以追溯到柏拉图的思想线索也具有美学意义，所有的事物都与优美的数字有关。人们从这种遍布宇宙范围内的优美的感知中获得满意。阿尔伯蒂、弗朗西斯科·迪·乔治（Francesco di Giorgio）和卢卡·帕西奥利奥（Luca Paciolo）在文艺复兴时期再次阐述了这种观念。这种思想至今也没有逝去。立体派艺术家寻求，以几何比例为基础，在不同的对象间，传达一种统一的知觉。20 世纪所有画家中最具建筑艺术的美术家皮特·蒙德里安（Piet Mondrian）注意的是纯和谐。蒙德里安感觉到的和谐会逐步感染社会。

然后（他说），我们不再需要绘画，因为我们将生活在活生生的艺术中。……现在，艺术具有最大的意义，通过建筑，我们可以直接看到平衡（和谐）法则。……归根结底，导致痛苦和愉悦的永远是平衡。

把蒙德里安的观点与奥古斯丁和这个观点相比较，道德世界的建设是以永恒的数字为基础的，这一点是明确的，20 世纪 20 年代的哲学家们，包括柯布西耶，正在重新发现了古代基于和谐法则基础上的宇宙整合的观念。

这种回归绝非巧合，它更详细地解释了可以追溯到柏拉图的这种思想观念。所有经典时期的共同特征是，这种观点和经典得到了更详细的表达。现在，这种观点的回归更受到哲学的影响，必须从哲学上说明白。所以，要写的还很多。

1　E.Male，The Gothic Image Fontana Library（1961）

第9章
推翻体制

"完美"(Perfection)只能持续一个短暂的时间。乌托邦可能是一个神圣的理想；长期的和活生生的现实无法容忍乌托邦的影响。

绝大多数人不时都会有一种反抗现有社会和政治制度即事物主导秩序的愿望。思维上的或社会的官僚制度，都是照章办事的。从一个方面讲，大脑接受典型的规则；乐于成为更大秩序的一部分，并接受这个逻辑系统的权威性。这就是库斯勒的"参与倾向"。在这种情况下，俗套最终会主导知觉和思维。

通过大脑中"令人厌倦的因素"，即让人们对规章制度不耐烦的东西，大部分人保留着这种"参与倾向"。在大部分保守思想中，潜在地存在着对传统观念的反抗。因为任何一种官僚制度都是从这样一个事实中获得权力的，即很久以来被人们接受的那些规则，给它们自己戴上了一个神圣的光环，所以，用"令人厌倦的因素"这个词没有什么不当。

规则无处不在，建筑沿用规则。一种"古典时期"尤为如此，如18世纪中叶。离经叛道就是亵渎神明。但是，在这个所谓的奥古斯都时代，有多少人一定想要打破那时的普遍约束呢？为数不多的几个人这样做了，柯奈（Corneille）、莱辛（Racine）、布莱克（Blake）、卫士理（Wesley）等，他们发现生活极端困苦。然而，反传统的需要总是伴随着血流成河的胜利。

思维不能长期忍受没有任何冲突的情形。大脑一方面探索理性的和谐，如加利克提士（Callicrates）和莫扎特（Mozart），大脑里还有另一种更费琢磨的渴望。

因为反教条的建筑推翻了所有的建筑规则，所以，反教条的建筑刺激知觉。反教条的建筑不顾主流美学、扭曲比例和破坏整个现存的视觉逻辑体系。由于反教条建筑所表达的以及它内在的关系，反教条建筑激发起情绪来。在一定时期，反教条的冲动已经变成了艺术上的超越，常常首先在建筑中表达出来。

如果沙特尔大教座堂是一种形式与哲学的完美结合，那么这种模式再也没有被重复过就意义重大了。沙特尔大教座堂在1194年开始建设；在这个思想风暴下开

博韦大教堂

始建设的大教堂是兰斯大教堂（Rheims），时间是1211年。风格上有许多相似之处，但是，内部空间的影响是完全不同的。兰斯大教堂的平面是一个调整的沙特尔大教堂，但是，兰斯大教堂的内立面在比例上则是完全不同的。现在，兰斯大教堂的立面有了明显的减弱；思考从平衡向矛盾。矛盾引起激情，从这个角度讲，哥特式建筑日趋寻求产生知觉，而不是满足理由。沙特尔大教堂是有关理由和平衡的历史建筑；拉斯沙特尔大教堂、不久之后的亚眠大教堂（Amiens）和博韦大教堂（Beauvais），都使用了相同的设计语汇，引起与上帝的神秘和超越性相关的激动情绪，与无差异的人形成反差。

运用建筑元素去刺激感觉是一个常常与巴洛克建筑（Baroque）相联系的技法，当然，总是与反教条或风格主义的反叛开始。风格主义（Mannerism）是一种通常与文艺复兴，尤其是米开朗琪罗（Michelangelo）相联系的现象。当然，风格主义是社会内部心理变化的建筑后果。所有的迹象表明，人只能在短期内忍受完美；这种习惯很快削弱了完美的影响，人性的不安宁、扩张、探索和异端方面开始发生作用。艺术家和建筑师一般都在首先对变化作出反应的人之中。他们对他们原先帮助创造的完美厌倦了。在布拉曼特（Bramante）完成建在庭院里的蒙托里奥圣彼得大教堂圆形礼拜堂（Tempieto of S.Pietro）15年之后，米开朗琪罗设计了佛罗伦萨劳伦蒂图书馆前厅（ante-chamber to the Laurenzian Liberary），这个前厅显示了风格主义的全部特征。这个前厅不过是一个小房间，当然，这个前厅的垂直比例成为主导。这是一个诱发骚动的空间，而不是导致平静的空间。这个前厅的比例是有张力的，垂直轴压到了水平轴。所有的经典规则都被打破了。在那个年代，这个前厅肯定是一个庸俗的建筑。

文艺复兴极盛时期的建筑师们，看到了使用经典建筑元素的严格规则。米开朗琪罗改变了其中大部分规则。佛罗伦萨圣罗伦佐教堂的美蒂奇礼拜堂（Medici Chapel）展示了米开朗琪罗反叛的征兆，当然，整体设想还是平衡的和自律的。在通常情况下，柱子是墙壁的加固截面，但是，在佛罗伦萨劳伦蒂图书馆里，半边柱子被隐藏到了墙壁里，米开朗琪罗改变了柱子的作用。他把涡卷花样装饰放置到凹进去的柱基下，恰恰说明了他对柱子作用的转变。在角落里，柱子几乎看不见了，突显了柱子作用的转变。文艺复兴极盛时期的风格学派完全忽视了壁龛。侧壁柱下部呈倒锥形状，“落在”一块三陇板上。侧壁柱柱头的细部有限，而没有去展开。壁龛之上是最初设计的镶板和楣，嵌在柱子上方。用米勒的话讲，这里实际上是“为了让我们待下去和感兴趣的冲突”。

帕拉第奥是最细腻和训练有素的风格主义建筑师。当然，这并非说，帕拉第奥

佛罗伦萨劳伦蒂图书馆前厅

威尼斯雷登托雷教堂室内

可以在细节上与米开朗琪罗一比高低，帕拉第奥借助建筑物较大部分之间的关系引入冲突。帕拉第奥设计的威尼斯雷登托雷教堂（Redentore）很清楚地显示了这一点。雷登托雷教堂的设计体现了公堂式规划和集中式规划最成功地综合。雷登托雷教堂的正厅展现了罗马公堂或有三个开间的交叉拱顶大厅。雷登托雷教堂正厅的东端包括了四叶式平面的三个要素。独立的柱子组成了包含圣坛的半圆形后殿，这是一种由柱上楣构强有力地吸引在一起的形式。越过圣坛，就是修士唱诗班的空间，这是一个简单的矩形房间，几乎没有装饰。这样，三种不同的元素以相互提高的形式吸引到一起组成这个建筑。三个元素各有其独立性，但是，它们以最有刺激性的和复杂的方式集合为一体。最终的冲突发生在雷登托雷教堂的东端，这个空间既是有限的，也允许通过修士唱诗班逐渐走向无限。[1]

威尼斯雷登托雷教堂的立面展示了相同的设计技巧。曾经超出建筑师的能力而

1 The interior as originally designed is illustrated in Wittknower *Architectural Principles in the age of Humanism*, Tirauti (1952)

圣乔治·马焦雷教堂

责备过原先建筑师的问题之一是，给高中殿和低过道的标准公堂式建筑提供一个纯正的古典安排，这种建筑设计是没有先例的。阿尔伯蒂在神庙前立面和凯旋门上做过一些实验，有了一些成功。帕拉第奥设想过把两个神庙前立面结合起来的完美方案，一个神庙的前立面低矮、宽阔，另一个神庙的前立面高大、狭窄，两个神庙的前立面都是扭曲的，但是，两个神庙的前立面结合，在整体上产生一个满意的构成，有冲突，但是，完全被解决了。威尼斯雷登托雷教堂显示出，这种解决办法产生了极大的经济效益。从圣乔治·马焦雷教堂（S.Giorgio Maggiore）的前立面上，可以看到帕拉第奥概念的早期发展。

威尼斯雷登托雷教堂的内部最近已经完全被教会令人吃惊的破坏而毁坏了。这个建筑现在用悬挂物和胶合板制成的巴洛克天使装饰起来。修士唱诗班完全被封在了一个粗俗的圣坛展示的背后，再也没有什么改变可以像这种改变那样违背这个建筑的精神了。最近对这个建筑破坏性的改造，让我们在看这幢建筑的原始状况时，犹如看了一场悲剧似的。威尼斯雷登托雷教堂是文艺复兴时期最伟大的建筑之一。

剑桥女王学院的伊拉斯谟大楼

20 世纪中叶，另一个猛烈的风格主义阶段开始了，至今还很明显。风格主义注意修改规则和削弱期待的基础。最近的建筑使用技术与熟识结构和视觉稳定性发生了冲突。现代风格主义与帕拉第奥和米开朗琪罗关系密切，帕拉第奥和米开朗琪罗注意主要元素和细节。柯布西耶可能提供了第一批迹象，他开始在空地里的桩柱之上盖起楼房，不靠墙壁而升起屋顶。

贝勒斯·斯潘思爵士（Sir Basil Spence）设计的剑桥王后学院伊拉斯谟大楼（Erasmus Building）是现代风格主义建筑的代表。风格主义选择有冲突的比例，相关元素之间的比例显示出比经典时期要大得多的变化，通常强调垂直。在伊拉斯谟大楼中，条形的窗户不易与比较经典比例的大窗户相联系。较大的垂直条形窗户从房顶延伸到第一层，两端没有任何标识。成熟的风格主义的另一个表现是，对着河流的石头立面和立面上的结构墙之间的分离。伊拉斯谟大楼看上去漂浮着。

詹姆斯·斯特林（James Stiring）设计的剑桥大学历史图书馆（History Library）同样是一个风格主义建筑。背景引起冲突；这个历史图书馆在视觉上与卡松文学院综合楼联系在一起。主阅读区完全用玻璃天窗来采光，在整个建筑发展中，玻璃天窗和 L 形模块之间的结合部是最极端和突变的衔接之一。

风格主义者是那些让文化不断变动的人。他们对已经建立起来的标准提出疑问，他们削弱现行的**权宜之计**。因为风格主义有一个贬义的内涵，与那些在处理建筑装饰上做些风格上的处理的人联系在一起，所以，风格主义这个名字也许不适当。风格主义强调更基础的东西；这种东西是推动所有人类进步和努力的基本动力。没有对主流社会思潮的不满，文明会很快萎缩和死亡。BBC 有一个有关文明主题的电视系列节目（后来还出了一本同样的书），在这个节目中，克拉克勋爵（Lord Clark）提出了这样一种看法，罗马文明欢迎了第一个野蛮民族浪潮的入侵，以消除文化停滞所带来的死气沉沉的氛围。[1] 风格主义者正是那些防止停滞的人。风格主义者把个别置于群体之上。风格主义者在一致性之前加上了创造性，风格主义者甚至对最神圣的规则和假说提出疑问。风格主义者代表了人类有预见性的方式，他们包括米开朗琪罗、勒杜克斯（Ledous）、斯特拉文斯基（Stravinsky）、勒·柯布西耶，毫无疑问，还包括以赛亚（Isaiah）。社会常常迫害风格主义者，但是，社会不能没有风格主义者。

文化中的反规则阶段与这些规则还被人们记得的阶段一样长。一旦这些规则淡出了，冲突也就不再可能存在了，最后的文化循环带来了新奇的图式。在中世纪，

1 Lord Clark，Civilization，BBC and John Murray，London（1969）

维尔茨堡主教官邸礼拜堂

出现了人格张扬的哥特式建筑，亨利七世礼拜堂（Hemry VII Chapel）、威斯敏斯特（Westmimnster）或圣安娜（St Anna）、阿纳堡（Annaburg）、萨克森（Saxony）的大汇展。文艺复兴终止了巴伐利亚巴洛克的繁荣。这种几近亢奋的繁荣本身存在一个复杂的美学，涉及最大化视觉感受。如维尔茨堡主教官邸礼拜堂（Chapel to Bishop's Residence）这样巴洛克教堂，目标就是要支配人的知觉，通过摧毁空间的定义，隐藏结构、创造光和空间的幻觉，来淹没人的知觉。巴洛克教堂迷惑了我们。这是一种多形价值体系，这是用来描述多种形式有机体的术语，还没有得到生物学的认可。我们这里使用它是要提出内在的混沌。从心理学上讲，这种多形价值体系是一种更大程度刺激边缘系统的价值体系，超过对大脑皮层的刺激。回头我们会讨论两个脑的标准。

规则与这种现象无关，唤醒是一个绝对兴趣密度问题。每一个循环都在混乱的狂潮中终止下来。但是，在新探索背后的原动力还是存在的。用音乐术语讲，结束一个套曲的大和弦是“等音的”，同时结束一个曲子，开始另一个曲子。对一种理想的追求在上征程。

第 10 章
城市环境中的价值体系

纵观建筑史，我们一定会发现三个反复出现的价值体系，每一个价值体系都有它自己涉及视觉事件之间关系的等级制度。

1a. 目的论阶段 – 寻找和谐的理想；

1b. 理想的实现 – 和谐的或经典的体系；

2. 反规章的、冲突的和打破常规的体系；

3. 多形态体系，巴洛克再次出现。

价值体系不能与价值判断混淆了，我们现在的目标是把这三个价值体系与比较广泛的城市环境联系起来。对于所有涉及环境事务，从设计师到评论者，**跨越**价值体系界限，逐步认识所有开发背后的视觉潜力都是重要的。所以，我们将把重点从单体建筑转移到比较宽阔的城市环境上来。

当我们把整个建成环境约减到最简概念时，通过建筑描绘存在有两种基本情况，**静态的**（static）和**动态的**（dynamic）。这些都很明显，用不了多么复杂的解释。就心理因素而言，静态的情境是向心的。按照戈登 · 卡伦（Godon Cullen）的说法，静态的情境强调的是“此地”。静态的情境可以作为整体感觉到。动态的情境是诱导性的，提出一般目标导向的运动；“彼地”主导。根据城市环境是静态的还是动态的，感觉和评价十分不同。

静态的环境

构成一个静态环境的元素，如一个城镇广场，可能落入以上描绘的三种基本分类中的任何一个。从传统上讲，首先倾向于从静态的位置上感知相关的品质。中世纪和文艺复兴时期的城镇广场常常包括一组部分。

一座城市的静态空间（static space）应该被认为是同种类的艺术品。它应该具有一种审美格式塔或整体，城市里的静态空间是围绕它的平淡无奇的街道中的一段视觉抒情诗。在这种情形下使用的“整体”这个术语，描绘的一个视觉事件系统，它们结合成为一个统一体，这个统一体具有它的每个部分所没有的意义。作为一首城市小“诗”，可以看作一个单体而被独立欣赏。但是，城市静态空间之所以具有意义，是因为它是更大城市结构的一个组成部分。城市静态空间之所以产生影响，是因为它具有一种看守门户的两面神的品质，既是自主的，又依赖于它所处的环境，这种品质在自然和艺术系统中都普遍存在。

在目前情境下，有一个与**抽象的**和谐（abstract harmony）概念非常相关。这是一种具有明显随机关系的情境，这些随机关系凝聚成为一种空间安排，因为这种城市静态空间具有优美的品质，所以，与周边环境形成反差，从而构成更大建筑背景上的聚焦点。这种空间与一幅抽象的绘画一样，具有艺术品质，一种康定斯基（Kandinsky）的和谐。很明显，随机的视觉事件突然凝聚成一个明显的必然性的作品。

参观古镇引起的极度兴奋之一就在于，发现隐藏起来的犹如一首城市小诗的城市静态空间。它们具有绘画的品质，在理性发展的时代，它们太容易成为人们不经意的东西了。在新城市环境中，最大的需要之一就是发现城市里这种偶然的“优雅的整体”。

反规则的体系

城市节点上**冲突的**价值体系（tensile value-system）更难以孤立和确定。具有和谐体系的节点是平静，而具有冲突体系的节点是骚动。这种冲突发生在确定空间里的元素之间，以及发生在空间本身和它之外的空间之间。

如同考虑构成元素一样，冲突可能源于风格的多样性。像和谐的价值体系一样，冲突的价值体系也有理由存在，提出这个看法没有什么不恰当，但是，几乎没有几个管理开发的规划师会去欣赏冲突的价值体系。和谐、一致等是有它们的位置的，但是，在建成环境中，也有容纳冲突元素的空间，这些冲突的元素能够唤醒知觉，甚至时常引起震动。好的风格未必一定产生好的环境。就视觉事件的表达或风格、规模、密度、变化和幅度而言，元素之间的冲突能够产生冲突本身特有的视点。

这种内在冲突的例子不胜枚举，没有必要再提了。许多意大利的城镇广场具有另外一种品质的冲突，我们所处的位置和超出这个情境之外的预期之间的冲突。以后我们会讨论用来实现这种心理诉求形式的微妙之处和这个主题的多种技巧。

最后，有一种需要使用多种形态的美学标准来评估的节点空间。

WESTMINSTER
& COUNTY
INSURANCE OFFICES
& LONDON INSURANCE GROU

伦敦的皮卡迪利广场

托迪的大教堂广场，滑板比赛

不考虑文化周期的位置，任何时候都有一种通过整个视觉事件达到感觉饱和的心理市场。这就像伦敦的皮卡迪利广场这类地方的价值。皮卡迪利广场（Piccadilly Circus）是一种多种形态混合起来的焦点，它有它自己的独特的内在连贯性。如果打算重新开发皮卡迪利广场，无论做什么，都应该保持这个合理的体系，特别是晚上，当电灯亮起来的时候，更应该如此。

在这种城市环境下，无序的人类活动发挥着至关重要的作用。出现在这种地方的大规模人群本身就是这种场合的重要组成部分。在有露天市场或节日活动的情况下，或与邻镇做个滑板比赛，大规模人群的重要性还会提高。

当人们占据了建筑时，在我们这个规划过于详尽的年代，建筑可能会有一种似乎贬值了的外观。这种情况可能大到锡耶纳广场赛马那样的规模，也可能小到街头交叉路口人们相互交往的尺度（阿西西的弗朗西斯科小镇路边的商铺）。

也许，过去更多是通过偶然而非设计来满足冲突和多形态的关系体系。现在，我们还应该创造机会，让这些偶然的事得以发生。我们最好促成这种令人喜悦的事情发生。

阿西西，弗朗西斯科小镇路边的商铺

运动中的知觉

以系列方式感知的空间，在刺激知觉的方式上是完全不同的。这就如同绘画和交响乐或有情节的诗歌之间的差别一样。刺激知觉的方式不同意味着，整体的关系和概念都有差异。节奏和变换与运动相联系，只有运动，才会有节奏和变换的存在。

使用同样三种分类，**和谐**体系相对直接地引起节奏关系。伦敦的乔治街是一个明显的例子，乔治街有4个联系在一起的视觉事件。

伦敦，菲茨罗伊广场，乔治公寓

在这个乔治关系中，白色的网状玻璃窗形成那里出现频率最高的节奏，使整个建立起来的序列成为一体。阿姆斯特丹一个建筑序列的建筑之间可能差异极大，即使在这种情况下，所有尺度和形式上的不同，都服从这个节奏。

下一个出现最高频率的视觉事件是窗户本身，在乔治大街的美感中，或在阿姆斯特丹（Amsterdam）的风格中，人们把窗户知觉为那道墙壁的标点符号；窗户的形状不同于砖块和地面。大门是下一个节奏间隔。除此之外，优美的楣窗，变化的门廊，华丽的黄铜门把手，这些视觉事件出现频率比较低，却可以让视觉丰富多彩起来。

最后，仅仅借助一个空白，或以约翰·纳什的方式，通过连接拱廊，整个地块就清晰可辨了。

运动中的拉伸系统

有拉伸关系的系统在目前的风气中似乎很有潜力。在线性环境中，拉伸据说可以强化街道的动态特质，拉伸给运动的内在强迫性提供额外的动力。可以通过几种方式达到这个结果。

阿姆斯特丹，住宅序列

佛罗伦萨，乌菲茨博物馆

高频率的节奏可能诱发运动。正是频率提供了与和谐系统的区别。我首先想到的例子就是佛罗伦萨的乌菲茨博物馆（Palazzo Uffizi），这个博物馆给一条连接西诺里亚广场和阿诺河的街道，提供了两个立面。建筑在这条街两边展开。通过街道两边建筑三层以上的窗户反映出在地面层上的立柱的快速节奏，这个立柱的快速节奏，建立起了一个指向西诺里亚广场塔楼有力的定向点。这是“最典型的”诱导性建筑。佛罗伦萨一条普通街道上窗户和飞檐的节奏也同样具有诱导性：通

佛罗伦萨，克罗齐

过远处的克罗齐大街钟楼突出重点。这说明了另外一个事实，通过此地环境与远处目标之间的对话引入拉伸。从屋顶上或围绕一个角落所看到的特殊目标的一些部分，会诱导人们去进一步发现这个特殊目标；这是“此地 / 彼地”辩证法的另一方面。

通过街道上的一条简单的曲线提供示意，也许通过上行轮廓线来提高示意效果，都是比较微妙的诱导性设计，剑桥的三一大街（Trinity Street）就是一例。一

剑桥，三一大街

阿姆斯特丹，远眺穆特广场

林堡一角

林堡一条街

罗腾堡一条街

条上行的弯曲街道，加上从远处看到的丰富的视觉碎片，结合在一起是更传神的中世纪城镇语汇的一部分。

最后，在这个背景下，多形态体系是有位置的。因为多形态体系涉及饱和状态下的视觉事件，所以，多形态体系具有最直接的外观。与伦敦皮卡迪利广场可以相提并论的也许有苏荷（Soho），卡纳贝街（Carnaby Street），或阿姆斯特丹的穆特广场（Munt Plaein）。

如同静态情境一样，在人占据的时候，有动态关系的系统得到最好的表达：街上的商店把一些商品摆到了人行道上，相类似，咖啡店占了一部分人行道，甚至车行道，流动小摊，七日基督安息日教徒。

许多古代和现代城市中心的街道，都有大量的广告、灯光、色彩、顶棚、商品等，以此构成街道的外貌。在林堡、罗腾堡、萨尔茨堡，老街巷都符合这类价值体系，它们都具有多种建筑事件，美妙绝伦的店铺招牌。例如，用来证实这家店主是古代摄影师协会成员的优美的招牌。

在这个层次上的评价很大程度上是，承认这些部分的内部相关性背后的超越的一致性。好的建筑和城市设计恰恰在于组织好各种元素，产生出新的必然性，一种没有预期到的优美。在这个最后的分析中，美学评价在于认识到超出各个组成部分之和的整体。在这个基础上，一个城镇才会有可能通过和谐的、冲突的和多形态等三个自主的价值系统，来刺激大脑。

第二部分
政策

第 11 章
设计动机

在描述知觉系统时，我们发现了许多具有设计意义的问题，它们要求建筑师或规划师在设计建筑或城市时，把人的福祉放在首位。我们用如此篇幅去描述知觉系统，是想说明人的一些需求是如何从他们自己的知觉系统中产生出来的。到目前为止，我们在设计过程中所考虑的人，不过是建筑师或规划师自己的延伸而已。成功地满足人类的需要还依赖于设计师客观的自我分析。

这里，我试图更有针对性地把有关人的科学认识带进设计过程中来，同时，提出一种以人为中心的设计战略。所以，现在的重心从描述转向形成动机。

个人和他的城镇之间确实存在一种相互联系的关系，所有的设计都必须从这个认识开始。大脑内独特的细胞模式和神经网络再现了构成熟悉城镇独特视觉事件的结构。大脑里有一个关于一个城镇的永久性模式。

为了保持城镇活力，城镇总是要不断更新的。城镇更新当然免不了拆除陈旧的建筑物。建筑物的陈旧可能是对规划师而言的，或对利益攸关者而言的。对于一般百姓来讲，这个陈旧的建筑物可能象征着平安，与他们个人的经历相关联；这个陈旧的建筑物可涉及人的集体记忆中的基本结构。替换人们熟识的城镇景观好似一种精神手术，实施变更的人很少理解这种变动所产生的诸种效果。

作为整体的城市，从理论上讲，应该承担和实际上推动人们的心理优化。柏拉图对城市的思考依然在游荡着。由于存在这种城市与人的**关系**原理，所以城市的人工构造物对人的思维产生着至关重要的影响。进一步讲，城市对人的影响在很大程度上是一个与节奏相关的**重要**关系问题。城镇在许多层次上产生出节奏，这些节奏唤起人的心理反应。心理学家了解这种“节奏需要”现象，人们也越来越承认“节奏需要”的重要性。生命是多层次节奏的复合体，心理展示出与此相同的节奏模式。基本生活方式是有节奏的，简单的节奏系列对人脑的边缘系统产生深远的影响。秩序和模式产生影响到的复杂节奏具有理智方面的更大吸引力。

城市有机会去满足各式各样的个体和群体对节奏的需求。本书的第一部分描述了城市内在的一些节奏。首先，存在着由认知关系产生的节奏，从示意、心领神会到引领都是这种认知关系。无论喜欢还是不喜欢对一定城市格式塔的示意关系做出反应，这种示意关系的重要性如同其他关系一样重要。

第二，在价值系统层次上，明显存在着节奏。价值体系规定了和谐的冲突和多形态价值体系之间的相互作用。人们可以有好恶，但是这种对好恶的选择，只能通过关系和节奏而出现。所有的价值体系因为它们本身的性质而遵循相同的原理。

模式也可以在认知表面之下表现出来。和谐可以通过不同元素构成的整个城市系列来沟通，如通过网状玻璃窗和窗户的规模所呈现出来的重要节奏，如阿姆斯特丹。视觉事件的频率、变化和振幅上都可以表现出节奏来。一个人越多地去感受城市，那么，越多的细枝末节就成了城市的节奏和关系。

极端重要的是符号节奏问题，符号的节奏影响一个地方。我们关注的是表面意义和隐藏形象之间的节奏，现实和理想之间的节奏。

从纯现象学意义上讲，城市系统集中体现和放大了人类的冲突和矛盾。通过对风格、空间、光线、约束、幽暗、秩序和明显混乱的组织，城市本身就成为人类处境的一种写照。这种外化了的人类可以让思维和人格获益，同时还具有重要的精神放松作用，这样，人们应该能够把他们内在处境宣泄到外部对象上去。与人类处境的复杂性和冲突一样，城市状况也同样复杂，也存在冲突，所以，城市感同身受。不仅如此，城市也可以在它巨大的屏幕上上演和解大戏。城市符号化了心理上的共识，用创造性冲突的原则，重写弗洛伊德的“焦虑的辩证法”。

所有这些形成了一个大比例尺的设计挑战。就建筑设计和城市设计而言，这个挑战就是要提供一个提高思维境界的丰富的多样性来。饱和度的复杂性，利用人们对迷宫的普遍迷恋情结，通过理性规划师，去掉其中的浪漫色彩，转化成为“迷宫因素”，都是让城镇生动起来的推进因素。可变性、灵活性和多层次，好奇心驱动的推论和刺激，与形象相关的标志和符号的设置，即兴表演式的激动，都是城市的纯精神放松疗法。人们正在重新发现这些让他们放松的办法，人们对汽车的钟爱最终会逐渐衰落下去。因为伦敦中心的交通太拥堵了，首相不得已放弃了他的汽车，改用步行方式上下班，所以，我们也许可以期待英国有一个新的城市时代。

我们还希望这个诉求不仅仅是那些直接注意环境事务的人的事，这个诉求应该一直延伸到小学教育中去。波诺在剑桥大学设置了一个小组，研究包括思考学校教育大纲在内的方法。

思维过程总是至关重要的。正是出于对波诺这类人的信任，现在，我们欣赏这样一种判断，不同的思想战略适合于不同的情况。如果能让孩子们在年幼时就学会如何做逻辑思考和创造性思考，那么，他们解决问题的能力和创造能力都会大大提高。

另外，我们把知觉放在重要位置。我们把知觉看成一种直觉的能力，知觉当然不是直觉。我们在其他的词汇表达下谈论知觉，知觉覆盖了大部分领域，但是，知觉几乎没有涉及城市现象。我们需要向孩子们传授建筑和城镇的语言。这大大超出了学校课程设置中的建筑史课。城镇是人类的最伟大的创造物。它们哭诉着寻求对它们的理解。

如果孩子们在童年时就建立起具有深度和宽度的知觉参照系，那么，当他们成熟起来后，绝不会满足于一个受到限制的视觉经验。

尽管受到一些政府部门的抵制，公共参与规划的模式正在稳定地建立起来。人们正在要求比较好的环境。尽早地传授知觉艺术，将会保证人们能够更清晰地表达他们的需求。比较好的环境可能仅仅是物质的，因为它是由了解情况的公众通过参与而提出来的。城镇对思维可能是有很大危害的，或者说，城镇可以刺激人格，单一的人格和集体的人格，全面发展。现在的确是站在柏拉图一边选择这种刺激的时候了。

第 12 章
作为有机体的城市

为了比较详细地提出城市化动力学的构成要素，首先可能需要建立一个全面的城市设计策略的基础。我们在探索有关城市化基础时，的确拿了一些其他学科的观念，不无缺乏学术道德之嫌。

自把城市与树做对比以来，人工制品与自然之间可能存在相似性这种看法一直都难于吸引人们严肃地注意。所以，探索人工与自然之间的相似性是一大挑战。大部分人都会觉得没有必要注意这个问题。

现在，城市设计本身就是一个时髦的研究课题，有些人正在试图发现通用城市设计基本原理。他们到自然界里去寻找这类设计原理的启示，这样做无可厚非。

例如，一些令城市设计师耳目一新的观念，正在试图打破正统进化生物学和遗传学的基础。城市可能的确不是一棵树，但是，我们设计城镇的基本方式却真有可能因为采用一些自然界的设计原理而获益。

第一个能够称之为通用原理的是**同源设计**(homologous design)。在生物科学中，有一个重新发现的概念，自然界的无限多样性并非源于经过自然选择而存在下来的随机突变，沿着巨大的进化树，自然界的无限多样性都可以通过历史而追溯到基本原型。这些基本原型包含了未来发展的全部规则。这些规则存在于生命物质的基本结构内，然而，生命物质允许发展出似乎无限的多样性来：规则是不变的，安排却是有弹性的。

当我们一直追溯到这种生命物质发展序列的起源，我们发现，构成整个自然界遗传方案的只有 4 种化合物。如果这 4 种化合物被看成是字母的话，那么，每一种变化就会产生一个不同的词来。自然界总是在合成新词，总是在严格的同源规则环境下持续发展。

我们是否可以说城镇同源性呢？是否存在可以普遍使用的核心原型规则呢？从历史上讲，答案是肯定的。在曼荼罗的象征中，城市的基本功能可以概括。如前所述，这种符号支配了史前时期直到文艺复兴时期的城镇设计。

曼荼罗至少用符号表现了 4 个基本观点。首先，这种曼荼罗包含了人与宇宙力量之间统一的概念。贯穿于那些时代的整个城市，尤其是在城市神圣的中心，人转向天上的和地下的神。按照最有利占卜创造的城市，希望得到诸神的保佑。

有些人会说，这种强有力的符号系统一定在比较深层次的大脑潜意识里留有印记，另一些人会对这种看法表示怀疑。重要的是这样一个事实，那些时代的城镇以形体的手段，把个人合并到更广泛的国家、大陆的系统中。现代交通和通讯让这种广泛统一的符号变成了现实。现在，城镇是复杂运动和留驻网络的一个节点。

第二，曼荼罗用符号表现人与人之间的统一。在那些时代的城市里，存在一种驾驭思想和实现共同理想的社会凝聚力和统一的目的。那些时代的城市，支持完全地利用“参与倾向”，需要效忠于一个社会群体。

第三，曼荼罗有两个轴，罗马人的南北轴和东西轴，表示所有对立面的和解。超越城市人群多样性的是，市民赋予城邦的一种统一。不是不顾差异，而是用差异来创造丰富多彩的城邦。所有的差异都在这个圆圈之内，不仅在符号上是统一的，而且，这种统一是无穷大的，没有起点，也没有终点。

第四，曼荼罗展现出优雅。在古代，这种曼荼罗是与数字命理学相联系的，所以，曼荼罗图式的规模和从曼荼罗图式中导出的城镇都是神圣之数的产物。在中世纪，所有这些神圣之数用形式浓缩到城市里，压缩到高大的哥特式大教堂里，这些城市和教堂都是这种神圣之数哲学的伟大遗迹。这种神圣之数可能是过时的，但是，它的结论还是合理的。我们需要使用某种方式把城镇拼接在一起，这种方式应该是充满美感的，而不是没有诗情画意的。对处在城市环境中的设计师来讲，最大的挑战就是在城镇五花八门的众多因素之上，加上一个统揽全局的优雅。

在历史上，符合城市符号系统或同源性规则相对简单。现在，城市问题已经发展得很具爆炸性，所以，似乎与过去没有什么关系。但是，自然在这个背景下适应性地发展着，阿米巴和人之间的差异并不比奥维多与东京之间的差别少。但是，人与阿米巴都符合相同的基于 4 个基本化合物的同源系统。

总之，体现在原型曼荼罗中的 4 个古代城市设计原则，还是可以认为提供了城市的基本同源性：

1. 组合成为一个大的事物系统；

2. 社会凝聚；

3. 所有对立面的统一，超越多样性的统一；

4. 优雅。

历史上，城市形式和城市特征都支持这些要求。城市让市民与他的城市形成一种深层的象征关系。现在是人类历史上最大的城市化时代，所以，我们必须首先重新发现如何建立人与他的城镇之间的和谐。或许一些答案在于重新发现原型规则，以及城市观念的同源性中。

基于这种考虑，自然界中的确存在一定的整体特征，它们给城市设计师提供了特殊的经验。在遗传学的研究中，人们越来越多地支持这样一种信念，从最简单的生命，细胞，到所谓的自主有机体，发展并非按图上描绘的方式展开，而是细胞分化，发展出子系统，再通过对特定环境的反应，子系统进一步分化。这是一种"依据情况而优化"的变化。

所有这些意味着，复杂有机体的发展，如人的发展，都是一个创造较高子系统的问题。成熟的有机体最终成为一个子系统的层次联盟（并非真是一个矛盾），每个子系统都有自己的自主性，每个子系统都对它所属的较高层次的子系统做出贡献，它是这个较高层次子系统的一个组成部分。

这是库斯勒为子系统创造"全能体"这个术语的背景，一个子系统同时面对两种情况，有自己的部分，独立存在，同时，有依赖于一个更大系统的存在。[1]

一个人处在渴望自由和完全自我表现，他也需要属于某种比他要大一些的系统，这个人处在两者之间的紧张关系之下，他的心理状态，自作主张和自我否定，分享倾向性，非常类似于库斯勒所说的情况。

库斯勒这个命题揭示了两个事实。首先，自然界是由子系统或全能体构成的巨大网络，每一个子系统都面对向内的和向外的两个方面。其次，这个巨大网络在形式上不是平的，而是金字塔状的，或层次结构式的。在固定规则的一个同源性规则的情况下，全能体层次（holon hierarchy）这个概念影响城镇设计问题。

城镇规划至今还是致力于城市土地和空间使用分区的观念。这些分区可能以同心圆或特殊地区的形式出现。密度分区也是分区规划的重要部分，当然，这种分区规划不过是墙上挂挂的现象也不少见。分区规划原则完全与按层次结构建设子系统相矛盾，有层次结构的子系统是自然界的特征，也是一些历史城镇的特征。

并不是说，出于哲学的和超越的理由，我们应该复制自然界。我所说的是，自然界有一种构造有机体的方式，这种方式最大化了有机体和环境之间的事务。可能正是分化和整合的对立统一关系产生了一种让整个有机体更有活力和效率的动力。

现在出现的问题是，什么构成城市意义上的子系统。简单地回答可以把城市子

1　A. Koestler，The Ghost in Machine，Hutchinson（1967）

系统比作街区。当然，这样的回答是不充分的，因为街区通常纯粹是居住导向的实体。一个真正的城市全能体（urban holon）应该是半自主的和独特的子系统，具有内部功能上的差异，居住的、商业的、行政管理的、娱乐的等。实际上，我们可以把城镇看作一个微观宇宙。

可以使用激光照片来做个类比，用激光束替代镜头。由此而产生的“照片”或全息照相是一个形象的编码版本，只有当激光束打上去的时候，我们才能看到这个形象。如果分解这个平面，甚至分解成最小的碎片，在激光束下看这个碎片时，我们依然可以看到这个整体的形象。城市的部分应该具有相同的性质，部分中包含它所属的这个全息版的要素。

对于米尔顿·凯恩斯（Milton Keynes）来讲，城镇规划可能具有这方面的潜力。这个区域的村庄可能作为这个城市发展起来的子中心而被吸收到这个城市中。这样做可能使这个城市避开许多批评，人们已经在批评现存的新城镇。兰开夏郡东南以乔利为中心的“新城”就能满足这个要求，当然，现存的子中心明显缺少环境质量。战略性的设计可以很大程度地改善这种情况。

缺乏这两种新城的地方，可以对应于第二个自然特征:全能体的层次结构安排。人们努力在社会层面把这种层次结构设置到城镇上。随之而来的是，如果一个城市在它的基本形式上反映了全能体和层次结构原理的话，那么，这个城市会永远给人一种满意的经历。这个全能体的组成从家庭开始，这个家庭是一条街道的子系统，这条街道又是一个子镇的子系统，这个子镇是一个城市的子单元。我们可以从空间上和建筑上把城市中心适当地表达这个层次结构的极点。在特定的城市中心里，诸神可能不再遇到市民们，城市极点包括了强化了的和提高了的城市形式和空间，现在特别需要这样的城市极点，这就如同当年苏美尔人需要城市极点一样。

自然的发展战略还有一个特征对城市设计师有价值。遗传学正在揭示出基因异乎寻常的适应性。科学已经证明，尽管自然以严格的规律为基础，但是，自然还是能够在异常情况下采用灵活的策略。有机体能够在没有原先经验的指导下，适应其内部环境和外部环境的变化。若干个实验显示，动物并不把它们的行为方式限制在本能的模式上，当它们面对没有预计到的情况时，它们是很有创造性的。我们可以拿果蝇为例，借助基因工程，让果蝇没有形成眼睛的基因，繁殖出无眼的果蝇。让这些没有视觉的果蝇近亲繁殖。开始，出生了一些无眼的果蝇，但是，很快，有眼睛的果蝇出现了。在果蝇的基因系统中，似乎存在自我修复的机制，抵制基因突变或科学家的干扰所产生的有害结果。换句话说，对子系统的一致模式，存在一种动态机制，使生命的要素在反抗反常中得以维持下来。

这段生物学的插曲与我们的讨论还是相关的，因为城镇永远都处在突变中。证据显示，这种城市突变，对于作为整体的城市来讲，既可能是有益的，也有可能是极端有害的。当然，如果这种发展或突变紧紧地与现存的城市子系统安排相联系，那么，城市整体的子系统内凝聚在一起的动力，将会把这个发展突变吸收过来，产生一个进化的“有机体”。

一个城镇以这种方式展开，以应对发展压力。城镇展开的速度可能需要快一些，以满足现代需求。新的预测性方法应该在霍隆和层次结构规则的议程内面对产生变化的挑战。

库斯勒描述了自然有机体的活力和强大如何以规则和灵活的策略之间的张力和平衡为基础，“……为了适应压力而做出适当的调整，在所有这些变化中，保留一定基本原型设计。”[1]

库斯勒的这个判断对城市设计很有意义。许多历史城镇的品质都归结为这样的事实，它们按照因地制宜的原则，在应对“适应性压力”下发展自己。对于一个变化可以与外部压力保持距离的时代，这种城镇的发展是可以理解的。但是，当这种外部压力在19世纪和20世纪达到剧烈规模时，这些历史城镇的适应能力被彻底超越了。所以，它们或者僵化成为博物馆里的遗存，或者被现代快速增长的城市所吞没，如日内瓦。

所有这些都与目前许多现行原理有关，尤其是分区规划。如果一个城镇的子系统本身包含了按照变化的环境条件而引起的可能变化和发展的话，那么，这个城镇的健康期望值会增加。雅各布斯（Jane Jacobs）完全正确的判断，城镇系统的健康与这个系统是否能够满足变化的情况而改变有关。在自然界，比较健康的有机体都是那些具有高度有效适应机制的有机体，如杂草和人！子系统层次结构的设计比土地使用或密度分区规划更能适应变化。

当然，没有一份提供给城市设计师的蓝本。人们一直都在要求那些冒险从事环境事务理论研究的人们提供方法，以便优化战术设计的工作。实际上，城市设计是一项非常复杂的工作，不可能通过一些方法就产生出设计来，对城市设计重要的是，设计的整体战略应该是正确的。自然界发展起来的系统和子系统都能够应对外部压力和适应变化，甚至适应由人造成的灾难性变化，这个事实表明，自然界发展起来的系统和子系统使用了结构系统，这种结构系统有许多可取之处。

1 A. Koestler，同上，p.169

自然的设计构造是按层次结构原理组成，包括半自主的全能体，所有的全能体都能够随着歌德（Johann Wolfgang von Goethe）所说的“内在的正确性和必要性”(inherent rightness and necessity)，不断地发展和变化。

在当今的形势下，可以使用这种战略政策，去改造新城和再开发地区的建成环境。我们没有理由不去掌握这种自然的奥妙。例如，树木。

第 13 章
追求挑战的案例

现在，我们转到城市的路面水平。在第一部分描述知觉系统时，我曾经提到过知觉系统的两个内在问题。第一个问题涉及阈下知觉，并说明了内环境稳定的心智对等（mental equivalent）如何期待外部现象和内部模式之间的最大对应。果真如此，知觉和行为便会在不知不觉的情况下发生，原始知觉系统操纵了知觉反应。原始标准可能决定这些情况下的反应。

第二个问题以系统最大化的结果表现出来，记忆模式倾向于根据回忆频率建立一个比较低的激活临界点。这样，在注意什么事物的竞争中，熟识的东西总是主导人们的注意力，相对那些激活频率比较低的背景来讲，熟识东西总会首先浮现在人们的大脑里。

所以，我们有理由说，单调的视觉事件不仅不可取，而且还导致降低心理表现。本书这一部分的标题是**政策**，因此，用来自美国的心理学家的证据，进一步说明我们的这个命题，似乎没有什么不适当的。

麦格吉尔大学学院所做的感觉剥夺（sensory deprivation）实验[1]是显示感觉剥夺效果的经典实验。实验者给受试的志愿者每天 20 美元，让他们忍受所有感觉器官完全受到限制一天。他们必须戴上半透明的眼罩，限制他们的图形视觉；手和胳膊被套上用纸做的袖套和手套，限制他们的触觉；躺在床上。房间里的唯一声音是一种有规律的嗡嗡声，它掩盖了任何可以听到的声音，以限制他们的听觉。实验者对他们迅速出现的反应很惊讶。几个小时后，受试者感觉到极端不舒适，作为对感觉剥夺的一种内在补偿，受试者出现了逼真的幻觉。

感觉剥夺实验在一种极端情况下产生出来的极端结果。但是，单调乏味的确能够在一个长期过程中伤害人，而且是在受害人没有意识的情况下发生的。心理学家赫布提出，“在婴儿期就对知觉加以限制，当然会导致低下的智力”。老鼠实

1　Donald Hebb Journal of the American Institute of Planners，July（1967）

验给这个判断提供了支持证据。克雷奇（Krech）、罗森茨韦格（Rosenzweig）和班纳特（Bennett）试图发现不同种类的环境是否对主体的大脑产生可以衡量的影响。他们小心翼翼地选择了三组老鼠。一组老鼠放置到丰富多彩的视觉环境中，另一组老鼠放置到一般视觉环境中，第三组老鼠放置到贫乏的视觉环境中。第一组的老鼠逐渐在解决问题和学习能力上超出了其他两组老鼠。第一组老鼠和第三组老鼠的脑重量上也有很大差别。人们引用这个研究结果,作为与人类相关命题的证据。

从这个实验推演出来的判断是，感官剥夺会抑制发展。正如帕尔（A.E.Parr）提出的那样，"到目前为止，除了程度上的差别外，没有任何东西表明，城市的单调和实验的单调有什么不同。"对于一个要发挥自己全部心理潜力的个人来讲，他需要面对挑战、干扰和扩大他整个宇宙图式的环境。某些作者认为一些社会问题的出现是因为建成环境上的缺陷造成的，如果这种看法是正确的，那么，视觉对心理发展的影响似乎是关键影响之一。

伍德伯恩·赫伦（Woodburn Heron）做了一系列的实验，把受试者暴露在完全单调的模式面前,他发现,受试者变得"明显易怒",逐步产生出"幼稚的激动反应"。多西（B.V.Doshi）和亚历山大（Christopher Alexander）都不会怀疑这个实验结论，"大规模生产的、大规模严格规划的住宅和办公楼，阻碍了人的精神的发展和美感的发展，最终摧毁人的心理健康。"

赫伦发现，"较高级的有机体主动避开完全单调的环境"。英国最单调乏味的道路是 M1 公路，有每小时 70 英里的限速。驾驶者实际上不可能在长时间的驱车过程中遵守这个速度限制。为了让驾驶者保持警觉，有必要把速度限制在每小时 80 ~ 90 英里之间。改变速度以避免单调的驱车环境。人们可能提出，遵守速度限制更危险，它会让人用做梦和幻觉来补偿。毫无疑问，立法者需要时间去把速度限制与环境有趣联系起来。

帕尔（Parr）把单调与社会问题联系起来：

> 当我们通过设计和法规，让城市变得千城一面时，我们夺去了对城市回报的探索，我们迫使年轻人在他们自己始料未及的行为中去寻找没有预料到的刺激，而不是让他们在一种可以预期的环境中寻找刺激。在这个推理的基础上，我曾经在别的地方假定，现代建筑和青少年犯罪可能存在着正相关性。[1]

1　A.E.Parr，"City and Psyche"，Yale Review，（1965），76

在做了许多访谈之后，劳尔·滕利（Roul Tunley）“发现了大家都同意、渴望冒险而非一种反社会的态度才是大部分违法行为的基础。”然后，他特别指出，“如果我们那些充满能量的先锋英雄被迫生活在现在的这些城镇里，一定会有不少人会成为青少年犯罪分子。”

曼辛格（Mansinger）和凯森给617个大学生呈现了一系列从简单到复杂随机排列的视觉形式和语言序列后，得出三个结论：

1. 每一个人更喜欢一定程度的复杂性和模糊性，而非简单性；

2. 模糊的程度与原先的经历直接相关；

3. 通过有规律地接触模糊的刺激，他们逐步偏好更大的复杂性和模糊性。这个结论支持了这样一种观念，丰富多彩的环境产生积极的反馈。大学生们是这个实验的受试者，指望他们有好奇心和很好的解决问题的能力，在这种情况下，这个实验的结果是可信的。

在进一步的相关实验中，伯莱因（Berlyne）把他的受试者暴露在两组一系列视觉构成中。第一组视觉构成按复杂性变化，复杂性用一定数目可区分的部分来衡量。第二组视觉构成在冗余形式上的变化来衡量。在信息论中，冗余度随着对称和可预期性而增加。在这个实验中，对象以视速投影（tachistoscopically）的方式出现0秒~14秒。当然，受试者可以通过一个手柄重复观察。结果是，受试者选择花些时间研究复杂的对象，而在那些冗余度很高的对象上花少得多的时间。时间和复杂性均是可以衡量的，受试者在时间上是完全自由的，伯莱因做出了这样的判断，这个实验证明，受试者对刺激的不容置疑的偏好，这些刺激包括一定程度的开放性和解决问题。

所有的这些信息似乎都产生了一个真理。环境刺激中一定程度的复杂性和含糊性不仅仅是期待的，对心理健康也是必不可少的。塞尔斯（H. F. Searles）的结论是，个人人格的发展是“一个有着千丝万缕联系的复杂环境的一部分，这个复杂环境既包括了其他的人类，也包括了非人类的元素，如树木、云彩、星星、景观、建筑，等等，不可穷尽。”[1] 换句话说，丰富多彩的视觉刺激。

如果一个人不是心理消沉，他一定会定期面临挑战他经验模式的对象和观念。这些挑战来自模糊的、复杂的和开放的事物，一个人在自然保护开始运行之前可以处理的最大数量的材料，称之为他的“理想的”。按照斯特里弗特（Streufert）和施罗德（Schroder）的观点，就个人而言，最佳的可接受可变性与变化的速率在

1　A.E.Parr，“City and Psyche”，Yale Review，（1965），82

于其相对狭窄的变化。他们所有的这种集体的“理想”使用“共识点”这个术语。[1]

如果一个人从未面临他特别的理想或最佳的感知率之外的现象，那么，这个理想本身就会衰退。习惯性会引起最佳的感知率下滑，负反馈规则就会发生作用。

发展中的个性是一个人，他的理想是正在扩展至应付令他惊奇和不熟悉的东西。基于这种可能，一定有一种经常接触的现象远远超出他的固有模式，并引起剧烈的冲突。我们在前边已经提到过这些“新事物”。这些很不熟识对象或概念，超出了理想承受的范围，当然，没有超出可接受变化的绝对限度。周期性地面对这类新事物，可以让理想得到延伸和发展，最终让新事物成为自己可以处理的对象，在这种情况下，正反馈的情况就存在了。

对一个人成立的事情，同样对一个社区也有效。面对新事物可能有些痛苦，但是。这种痛苦是一种心理发展中的痛苦，没有这种痛苦，心理学上的人就会枯萎。

建成环境对个人心理发展至关重要。这里我们提供了支持这个判断证据的简要样本。在 BBC 播放的瑞斯系列讲座的第一讲中，弗兰克（Frank Fraser Darling）强调了这样一个看法，现代建筑的视觉荒芜对人类福祉是直接有害的。现代城市环境的视觉剥夺甚至对那些不那么成功的人们，影响更大。这样，建筑师和城市设计师不是简单地失去了机会，实际上，他们正在制造出一种明显有害的情境。

帕尔发现，“我们感知的环境和我们的心理发展之间，我们合理的或无知觉的反应以及我们的整个人格之间，存在着一种强有力的因果关系的暗示。”[2]

正如建筑师文丘里提出的那样，“喜欢建筑中的复杂性和冲突，……”，心理学家对此一点都不会感到有什么反常。

1　Streufert and Schroder, ‘Conceptual Structure, environmental complexity and task performance’, *Journal of Experimontal Research in Personality*.

2　A.E.Parr, “City and Psyche”, Yale Review, (1965), 83

第14章 动态的议程

本书的第一部分描述了大脑感知城市环境的4个层次。现在，我们有必要在政策的背景下，从对知觉的分析，发展到由建筑系列和复杂的空间组成的比较广泛的环境上来。还是回到米勒的命题，环境配置了“冲突，让我们去占据它，让我们在那里找到乐趣”，“惊喜”影响“我们的心理健康和心理发展”；这就是所谓城市化动力学，仅从字面意义上讲，城市化动力学意味着给大脑施加一种力。这种力促使大脑对外界刺激做出积极的反应，或者通过制定一种驱车旅行战略来努力满足好奇心，或者通过解决环境提出的问题，或者通过把零碎的可能性拼贴成形象，让大脑对外部刺激做出积极反应。总而言之，都是关于环境的，环境通过挑战或新奇的刺激来唤起知觉。因此，我们把城市动态议程看成预防系统最大化和阈下知觉不利方面的一剂处方。

城市动态情境的要素不胜枚举。所以，我们只对最明显的城市视觉系统因素加以描述，达到抛砖引玉的目的。

模糊空间

大部分空间同时传达着两个或更多的观念，我们可以把这样的空间定义为模糊空间（ambiguous space）。我们使用“模糊的”这个术语来表示具有动态模糊特征的城市空间，这种具有动态模糊特征的城市空间，提供了一种视觉提示，告诉人们，在这个空间里还存在着与这个城市空间紧密联系的其他城市空间。动态的内涵旨在激起人们的好奇驱力，让人们推测多种可能性。

一些意大利城镇核心区的结构可以很好地说明这种模糊或推测品质。这种特殊的空间布局十分常见，我们几乎可以把这种空间布局描绘为，由两个相连接的广场组成的布局形式。两个广场相互依赖，但是，每个广场都有自己清晰的标志。如同一个全能体，两个广场都是半自主的，同时又是更大机体的一个部分。威尼

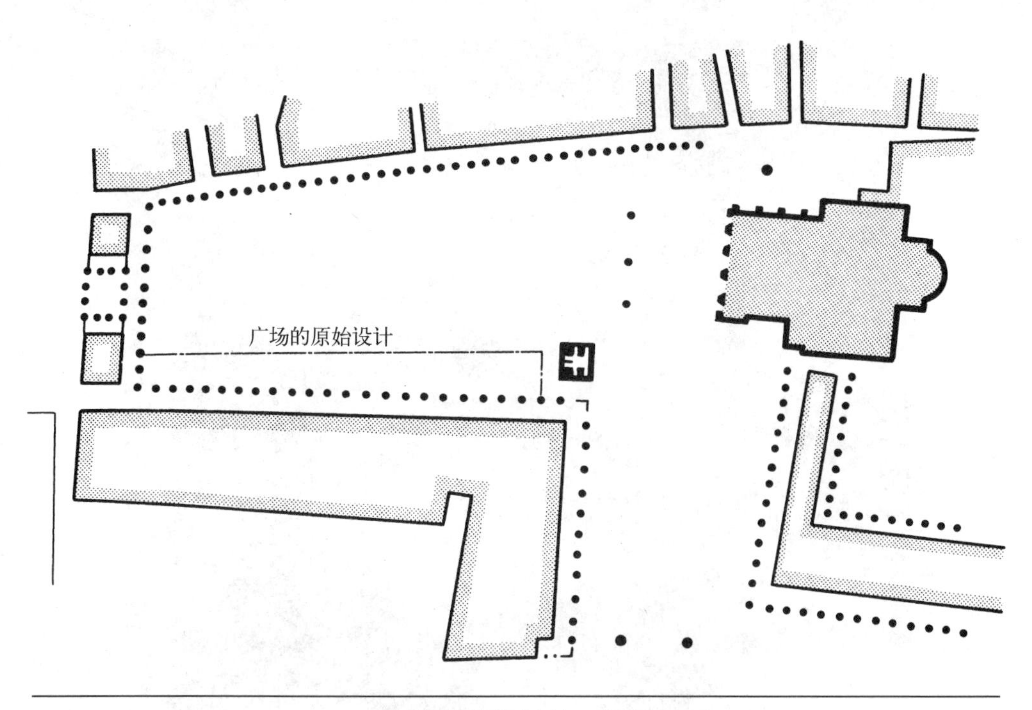

威尼斯的圣马可广场，平面图

威尼斯的圣马可广场

圣马可广场的一个细部

斯的圣马可广场（Piazza S.Marco）就是最值得一提的这类空间。

公元9世纪，一些地方就已经出现了这种布局形式。圣马可广场在很大程度上是自成体系的。但是，圣马可广场没有把人们的注意只限制在这个空间里。在这个广场的东端，不同建筑的一部分隐约可见。总督宫外来的哥特式建筑表明，还有另一个空间可以看一看。圣马可广场的布局很大程度上依赖于这个广场的外形。这种空间品质是历史优化的结果。这个空间首先通过延长广场而得到调整，后来，又通过拆除整个南立面，让大钟楼没有障碍。圣马可广场的西边是这个广场最宏伟的地方。当然，总督宫暗示还有另外一个具有特殊品质的空间存在。这个暗示

圣马可广场外的另一个小广场

具体化为一个开放的小广场，两根经过战略考虑而布置的柱子形成这个小广场的聚焦点和发散点，从那里可以看到威尼斯的咸水湖和远处的圣乔治·马焦雷教堂。贝里尼（Bellini）的绘画，“圣马可广场的游行”展示了这个广场南端没有被拆除之前的情境，这个改造旨在让大钟楼露出来。

这种布局方式也出现在了意大利安布利亚的托迪（Todi in Umbria）。托迪的中心广场两端包含了大教堂和市政厅。与市政厅相邻的是这个广场闭包的一个中断，从适当角度上，把人们的注意吸引到了另外一个广场。这是一个比较小的广场，中心有一座雕像，以相当大的扇面向安布利亚山开放。托迪的中心广场产生了强大的**这个**地方（this place）的感觉，但是，在这个广场一角出现的中断，暗示了另外一种情形，**那个**地方(that place)。两个广场都由连续的系列建筑物围合起来，当然，很少有人会称这些建筑为“建筑”。然而，实际情况是，如果还有建筑的话，许多成功的城市综合体几乎没有几个戴有建筑这个术语的帽子。

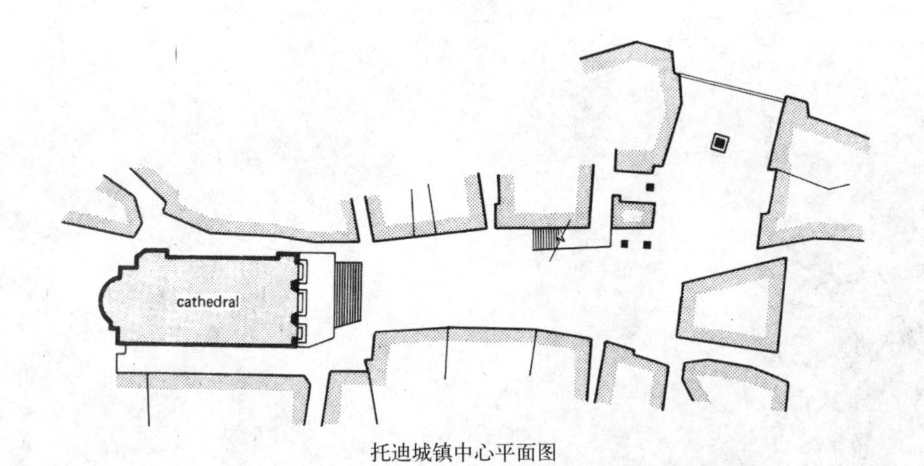

托迪城镇中心平面图

我们可以用意大利曼托瓦曼特尼亚广场和埃尔贝广场来对这个主题做另外一种解释，埃尔贝广场是一个世俗的广场，一边是曼托瓦大区官邸，包括一个大型的中世纪钟楼，上面安装的大钟造于 1473 年。这个空间在一个角落断开，露出了比较小的曼特尼亚广场，阿尔贝蒂的圣安德里亚教堂巨大的西立面主导了这个广场。这些广场的划分是不清晰的。最精彩的恰恰在于它们之间的呼应。

托迪中心广场

托迪中心广场外的另一个小广场

圣吉米尼亚诺中心广场

圣吉米尼亚诺大教堂广场

谈论这个主题不能不提到神奇的塔城——圣吉米尼亚诺（S.Gimignano），在锡耶纳以北。圣吉米尼亚诺的中心广场几乎是一个微型版的锡耶纳广场，对称和渐变。在圣吉米尼亚诺的中心广场里，有一组世俗建筑。这个广场的一角出现了另一个广场。这个角落里的一个开放的柱廊影响了这个转换，这个柱廊充分地暗示了附近存在另外一个特征相异的空间。相比较而言，第二个广场要小些和简朴些，当然，它包含了圣吉米尼亚诺大教堂，人们通过宽阔的台阶进入这个教堂。

在我们已经提到的这些案例中，模糊性是通过连接起来的空间而产生出来的。实际上，还有另外一种包括系列小广场的空间布局形式，它具有一种内在的模糊性。法国萨瓦省中世纪古镇阿纳西的一个部分是这种空间形式的很好一例。那里的街道一般都由横向建筑分割成为间隔空间，低矮的拱门把这些间隔空间联系起来。每一个小广场都有明显的特征，一些特征来自拱门的形式，通过这种拱门，可以看到另外一个不同空间的一些部分。

法国萨瓦省中世纪古镇阿纳西的广场和拱门系列

佛罗伦萨乌菲兹宫的帕拉第奥拱门

史诗般的空间

拱门的功能当然不只是显示另外一个空间，拱门还给另外一个空间一个身份。这些拱门通过对一个全景的正式限制，提高了那个限定的视野，让它具有“史诗般的”意义。我之所以使用“史诗般的”这个词是因为这个词意味着英雄的空间，这个空间叠加在一个更宽阔的背景上，从而升华出超常规的意义。约翰·纳什（John Nash）在他的伦敦摄政公园（Regent's Park）的开发中很好地使用了这种技巧，但是，最重要的案例之一是佛罗伦萨乌菲兹宫的帕拉第奥拱门（Palladian arch Palazzo Uffizi）。通过这个文艺复兴时期创造的最复杂的拱门，那一部分限定的视野使对面阿尔诺河岸的身份得到无与伦比的提高，在这个限定的视野之外，那里不过是一个很一般的城市景观而已。作为一种正式的、组织视野的有效框架，没有几个案例可以与那个看到彼得堡冬宫的拱道（archway to the Winter Palace）相比的。

从彼得堡总参谋部大楼的拱门处看到的冬宫和亚历山大柱

从德国班贝格老市政厅的拱门向外看

通过市政厅巴洛克式的拱道和中世纪屋顶的远景之间的呼应，成为班贝格镇（Bamberg）一道风景线，通过会聚两个方向的视线，让这个中世纪屋顶更加兴趣盎然。这里不仅有远和近之间的呼应，也有精致的巴洛克式拱道和拱道外呈现的德国民族风格建筑之间的呼应。

在圣吉米尼亚诺，拱门主题上有一个变化。通往城镇中心的道路，要经过一座高大的拱道。结果是没有远景，只有深沉的阴影，让人想起库伦的“无底洞”。用来刺激探索的是增加一点喜忧参半的氛围，唤醒黑暗和未知。

我们可以使用拱门和桥梁，作为交通设施，也作为同时具有视觉限制和释放的手段，通过拱门对视觉限制和释放，赋予远处空间史诗般的身份，保证可以提高城镇景观的影响。现代城市的功能复杂性似乎给这种手段提供了更广阔的前景。

当拱门给无限远的景色或天空提供了一个限制时，这种影响总是深远的，因为拱门总是美丽的象征。在眼前的建筑背后出现一座“雄伟的”建筑，也能传递出

通往圣吉米尼亚诺中心广场的拱门

德国美因茨大教堂

史诗般的品质。我们可以在美因茨（Mainz）看到这种情形，一个普通的广场背后，跃起了一座罗马式的大教堂。在林肯（Lincoln），我们能够看到完全不同风格的建筑之间的呼应，地方建筑给哥特式大教堂提供了前台景色，林堡大教堂（Limburg Cathedral）的情况也一样。完全不同风格的建筑之间的呼应并非意味着不同建筑之间没有象征意义。

英国林肯大教堂

德国林堡大教堂

目的性空间

历史城镇的大部分外观都提供了许多可以探索的目标。前面一些例子涉及给其他空间提供暗示。这一小节要谈的是**特定的**建筑目标。以下是一段摘自巴黎圣母院的文字，以说明这种城市观念：

> 在中世纪的城市，没有一个人看到过巴黎圣母院的整体－所以，没有一个人像他的邻居那样看到巴黎圣母院。由于中世纪城市的这种性质，每一个人都只能看到部分，部分是不完全的，当个人改变他的位置时，他所看到的部分也在不断变化，引导他，把他看到的那个部分加到他思维中的那个整体形象上去。[1]

从彼得门看约克大教堂——中世纪以切线方法到达中心地区的一个案例

1　A. Temko，Notre Dame of Paris，Viking Press（New York，1959），p.159

目的性空间（Teleological space）源自一个对象的部分披露而产生影响，暗示这个对象隐藏部分的多种可能性。正是城镇景观的这个方面，给人们留下了很大的想象空间，诱惑人们去探索。这里，与模糊性的外观存在联系。思维可能青睐可以提供多种解释的情境。从最少线索构造出整个画面会让人产生愉悦的感觉来。相类似，当构建的想象力面对现实时，先期待再发现也能让人产生愉悦感。在艺术中，这是一种很经济的技巧，用最简洁的方式，说出尽可能多的东西。

我们几乎不需要做什么调整，就可以把库斯勒的这段话，用到城市中来：

> 经济是一种技巧设计，旨在诱使观众积极配合，使他们重新创造出艺术家的版本。为了做到这一点，观众必须破解隐含的信息；也就是说，他必须填补一些专业术语（在台阶之间填补剩下的空白）；推论（完成这个暗示）；转换或重新解释象征、意象和类推；揭开这个含蓄的寓言。[1]

因为目的性空间提供了完整的想象空间，所以，就有了主体和客体之间的创造性交易。感知者把生命注入看见的部分骨骼中；部分披露成了一种线索，感知者围绕这些线索，具体化自己的意象和象征。

许多城镇反复出现的特征，表明了一种特定类型的暗示和刺激，让人行动并发现。在许多地方，基于象征性和战略性的原因，城镇的顶峰处在城镇的最高点。在中世纪的城镇中，街道很少从轴向上直接通向中心地区；而是迂回地接近中心地区。所以，中心广场里的重要建筑都是半遮面的，只能从屋顶上看到。正是这个神奇的部分诱惑人们登上山顶去看到它们的整体。这就意味着另外一个城市布局形式。通往鲁莱格自由城中心广场（Villefranche de Rouergue）的弯弯曲曲的道路上方，是一座最明显不过的中世纪的塔，它的比例惊人。在12世纪和13世纪，当人们建设这种巴斯蒂特塔时，它成为了必然找到的要塞教堂的塔楼之一。从远处看，教堂的塔楼在那些杂乱无章的屋顶上方出现，塔尖上那些白色的石头刺激着无尽的遐想。这是天国城市（Celestial City）的符号，这个天国城市从世俗城市的混乱里长出来。人已经变得越来越复杂了，但是，这种想象还是引人入胜的。英国林肯镇罗马风格的银鼠街（Ermine Street）与林肯大教堂大尺度的塔形成了同样的关系：弯曲的上坡道通往一个部分显露出来的目标。

在奥维多（Orvieto）的这条小街里，一个教堂的高塔若隐若现。它预示着一个特殊事件正等待着去发现，所以，想象开始。但是，不可能恰当地想象出奥维

1　A. Koestler，The Act of Creation，p.341

法国鲁莱格自由城，通往中心广场

从银鼠街去林肯大教堂

意大利奥维多的一条街

意大利奥维多大教堂立面

多大教堂的立面，这个教堂是中世纪最具色彩和最细腻的建筑之一。

无论你在锡耶纳的任何地方，都可以看到锡耶纳市政厅钟楼的楼顶，它都可以不懈地把你吸引到这个市中心去，在佛罗伦萨，佛罗伦萨大教堂的穹顶也是随处可见的。

远眺佛罗伦萨大教堂

从老桥看佛罗伦萨大教堂

诱导性空间

有些地方，通过它们的形式和特征，就会激励人们活动起来。我们可以拿直线感应电动机做个类比，它沿途获得能量。一条沿途兴趣发生率很高的街道就是一例。一些市中心商业街的人行道上也摆上了要出售的商品，现在，人们开始欣赏它们对城市氛围的贡献。这可能是因为现代商店频繁地替代了这些商业街，现代商店把它们的所有商务活动都收缩到了内部。苏荷（Soho）的商业街是迷人的，现在据说要改造了。毫无疑问，开发黄金地段的申请不久就会被提交，这个位于威斯敏斯特的黄金地段目前还被一个非常老的和废弃的修道院所占据。

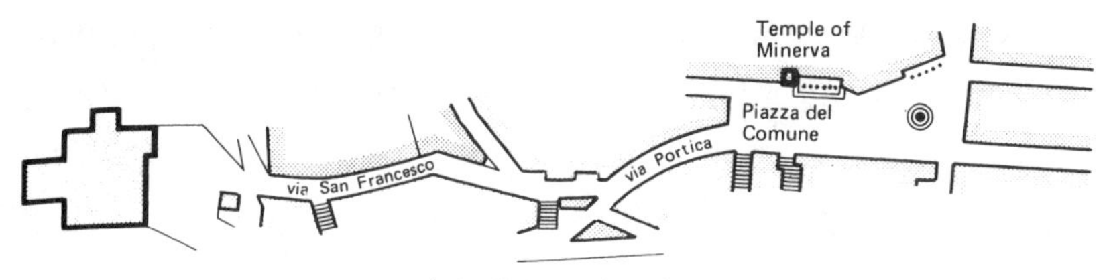

意大利阿西西城平面图

街道的形状可以发挥诱导人们行走的功能。一个简单的弯曲可以实现诱导人们行走的效果，特别是在上下坡的时候，道路的简单弯曲可以诱导人们行走下去。如果这种形状与行人时而看到的屋顶上的特殊事件配合上，如阿西西（Assisi）的

阿西西圣弗朗西斯科的拱门

街道那样，效果的确是动态的。作为意大利最美丽的城镇之一，阿西西的价值远远不只是路过时引起注意。通过这个城镇的一条特殊路径显示了动态城市的许多品质。从圣弗朗西斯科教堂出发，沿圣弗朗西斯科大街向前走，第一个主要事件就是一座跨越这条道路的拱门，与 Monte Frumentario 山优雅的长廊（向街道敞开的门廊）相邻。这座拱门是变更方向后一系列视觉事件的序曲。下一个突出事件发生在一条小街从左侧与圣弗朗西斯科大街相切处。形状各异、色彩斑斓的陶器让这个交叉路口更加生动。

阿西西的门廊街

沿着阿西西门廊街继续向前走

走出阿西西门廊街后的胡同

圣弗朗西斯科大街很快改变了方向，街名也换成了“门廊街”。作为一种拼接，这条道路整平，并开始明显上行。在这条弯曲的道路之上，华丽的教皇派塔的塔尖开始显露出来；成为一种有目的性的力量。沿着门廊街，店铺把它们的商品摆放到大街上，形成了大量的沿路有趣的视觉对象。在这条道路的右侧，一条狭窄的便道明显下行，节外生枝又一景。

最后，整个阿西西市政广场出现在眼前，建于奥古斯都年代的密涅瓦寺，主导了这个广场。这个广场本身是一个微缩的城市杰作，具有各式各样的视觉兴趣点。广场另一端开始了新的道路，一条路可以瞥见圣卢菲诺大教堂，沿着另一条路，可以到达圣克莱大教堂。

上坡进入阿西西市政广场

阿西西市政广场

从圣加布里埃大街看阿西西市政广场

如果一个人从圣加布里埃的另一条道路进入阿西西市政广场，整个动态系统反向运转，教皇派塔成为人们下行的终点目标。

某种建筑衔接可能凸显这种空间诱导性特征。环状建筑或建筑体通常可以成为这种建筑衔接，它们终止一个景观，同时暗示，这个地方还有其他有趣的视觉对象。在接近摄政公园（Regent Park）时，约翰·纳什使用了这种技巧，在那里可以看到万灵教堂和朗豪酒店。在利物浦威廉·布朗大街上的博物馆、沃克美术馆和参考书图书馆等一串建筑的宏伟尺度上，设计师使用了建筑衔接，加上19世纪末期建筑装饰上的炫耀氛围，凸显了那里诱导性空间的特征。

利物浦的威廉·布朗大街

城市中的复杂性

城市化的动力学在其多种形式中，最基本的组成部分是复杂性。我们可以把它的复杂性分成 5 类来加以考虑：

几何形的复杂性
形状
纹理
关系和节奏
装饰

古希腊人把伊瑞克提翁神庙（Erechtheum）建在帕提农神庙（Parthenon）旁，或者罗马皇帝哈德连建造了他称之为蒂沃利别墅（Villa at Tivoli）的建筑，至少从那时起，令人感兴趣的几何关系一直都是一个设计要素。

有许多城镇背后令人感兴趣的东西藏在偶然的几何关系上。机会常常产生于最好的相互作用。法国卡尔卡松镇周边的若干要塞就是一例。在军事上，这些要塞的出现并非必要的，19 世纪后期，法国建筑师维奥莱 · 勒迪克（Viollet Le Duc）在恢复和改善这个要塞时，看中的是卡尔卡松要塞外观的审美价值。显然，没有必要恢复这个中世纪的军事要塞，它们给当代建筑师提供了一个令人信服的类比。

法国卡尔卡松要塞

伦敦马诺尔路联合新教堂和日内瓦公寓

实际上，在伦敦马诺尔路联合新教堂（Manor Road United Reformed Church）和日内瓦法院（Geneva Court）的形式上，都可以看到某些卡尔卡松要塞的影子。

建筑目前正处于青睐几何形复杂性的阶段。在不到20年的时间里，一直都有一场设计革命在发生，我们可以在伦敦的南岸地区看到这场设计革命的规模。伦敦皇家节日音乐厅（Royal Festival Hall）是20世纪50年代早期建筑设计的代表。虽然它是一幢功能复杂的建筑，但是，所有的功能都被覆盖在一个简单的建筑外壳下。与这个音乐厅相邻的伊丽莎白女王音乐厅（Queen Elizabeth Concert Hall）

和海沃德美术馆（Hayward Gallery），代表了 20 世纪 60 年代中期的建筑设计潮流。同样，伊丽莎白女王音乐厅和海沃德美术馆也是多功能的，当然，这些功能反映在外部形式上，不同容积的相互作用产生了这个设计背后的动态特征。这是“模糊的”设计，复杂的和出乎意料的。这种设计基础让设菲尔德市的克鲁西布剧院的形式被人接受。

建筑材料的纹理和色彩常常可以突出建筑的形式，从而提高建筑外观效果。阿西西城的部分品质在于它纹理丰富的粉色和棕色石材。古老的城镇和村庄的乡土建筑则表现了选择范围不大的形状和材料的环境品质。法国加尔省的圣麦西蒙是

法国加尔省圣麦西蒙

一个很小的村庄，距地中海30英里。圣麦西蒙以形状和纹理之间的简单关系和墙壁和屋顶不多的几种地面颜色，表现出了圣麦西蒙的精湛设计。

在阿姆斯特丹等城市，建筑立面相对天空呈现丰富多彩的外观的复杂性，不同于建筑容积上的多样性，正是这种复杂性构成了阿姆斯特丹等城市的地方特征。因为荷兰比欧洲其他地方更注重比例，所以，荷兰建筑在建筑与空间相衔接的地方达到它们的顶峰。在中世纪，建筑师乐于用丰富的外形来覆盖他们的建筑。安特卫普商行（Merchant's House in Antwerp）是从外部看到的一例这类建筑，这幢建筑立面模仿了外观和装饰。剑桥大学国王学院小教堂（King's College Chapel）的内部则是这种设计原理在内部使用的一个很好的案例。垂直的柱身反复强调墙饰和窗户的间隔，在精致的扇形穹顶上分裂成无数的肋拱。

比利时安特卫普商行

剑桥大学国王学院小教堂内部

节奏的复杂性已经吸引了人们的注意。复杂性像阿姆斯特丹那样自发出现，或者通过设计而出现。节奏的反差可以有许多种建筑表现模式，安特卫普商行和剑桥大学国王学院小教堂是与复杂性需要相关的节奏设计原理的例子。在安特卫普，或在剑桥，建筑本身的频率节奏不高，精致的山墙和不变的独立楼层高度，体现了它们的自主性。

在一个比较广阔的建筑式样环境下，现在，不规则的节奏已经变成了一种流行的风格主题。大师也许再次对此做出反应。柯布西耶在他设计的柯比意修道院

法国罗纳阿尔卑斯山柯比意

（Couvent de la Tourette）建筑中，把两种节奏最成功地结合到了一起。在这座建筑的顶部两层，居住单元的节奏，是整个建筑中主导秩序。在这座建筑顶部两层以下，通过狭窄的垂直石板，在第三层楼建立起非常频繁的、不规则的节奏；形成反差。在整个设计里，柯布西耶几乎陷入了有序和随意之间的矛盾之中。在柯布西耶许多建筑的建造整体上，一直都在精细的雕塑般的形式和粗糙的建造之间有着一种完全的矛盾。自然绝不会完全消失在柯布西耶的建筑上，种在屋顶和露台上的草意味着这种有机联系是经过仔细考虑的。

形式和节奏错综复杂性影响了剑桥大学圣约翰学院克里普斯大楼的建筑品质。这个线性建筑蜿蜒地通过草坪、树木和小溪展开，与新院的规则建筑形式形成反差。帕拉第奥的梵蒂冈教堂的立面设计早就成为参照物。没有多少建筑的复杂性可以与帕拉第奥给这些统一的寺庙前立面添加的建筑复杂性相比拟的。

装饰建筑的艺术目前已经消失了。由于装饰通常用来遮掩建筑设计上的弱点，所以，当它果真是为了遮掩建筑设计上的弱点，效果常常不尽如人意。现在，我们正处在一个纯外形的阶段，在这种纯外形中，建筑外形存在于建筑基本元素的组织中。

剑桥大学圣约翰学院克里普斯大楼

英国柴郡南特威治传统的集合住宅

但是，在历史上的一定时期里，例如在中世纪，形式和装饰的综合还是很成功的。尤其在法国，在哥特式建筑发展的后期，教堂的西立面都成了建筑装饰的力作。这个时期半木质的住宅可能最完美地把结构和装饰结合到了一起。在德国南部，在英国柴郡南特威治的传统建筑立面和莫顿旧市政厅，都可以看到这种结合的最好的实例。德国巴伐利亚丁克尔斯比尔使用它的形状、色彩、装饰和纹理，展示了中世纪街道如何在许多层面上，表现出复杂性，它是这方面的一个很好范例。

德国巴伐利亚丁克尔斯比尔

复杂性当然总是与巴洛克建筑风格有纠葛的。从美学上讲，复杂性有时等于超凡脱俗。这是对那些正统主义者或经典不可避免的判断，他们“高度”看重艺术和设计。但是，从建筑内部如维尔茨堡主教官邸礼拜堂饱和复杂性中，我们所得到的审美满足同样在审美范围内有效。

裸露的建筑表面从来就是一种挑战，要在它的每一英寸上，添上点什么，绘画或雕刻，维尔茨堡主教官邸礼拜堂对此挑战做了极端的回答，把极度的狂喜引

锡耶纳小广场

进最持怀疑态度的新教思维中。巴洛克建筑或华丽的后期哥特式建筑，用它自信的超凡脱俗，湮灭了好品味；巴洛克式建筑或华丽的后期哥特式建筑，清除掉它的所有港湾里的宁静和合理的思维，把宁静和合理的思维带进沸腾的活动漩涡中。因为大型的巴洛克式教堂和宫殿对以边缘系统为中心的复杂性需求做出了最终表达，所以，它们对所有人都是不可抗拒的，当然，除开最保守的或有偏见的人之外。复杂性的其他方面都有一个发出思想呼吁的强大因素，与此不同，饱和复杂性影响的是边缘系统，所以，这个层次的欣赏可能与心理和人格相关的其他复杂方面相联系。

仪式性的空间

城镇或城市绝不只是实用的人工制品。从历史上看，城镇是看得见的天人合一的庆典。这类庆典因为节日和宗教游行而周期性地地迎来高潮，如沿着雅典娜节日大道举行的游行，这个游行最终到达雅典卫城的泛雅典娜体育场。没有任何事情可以庆祝的城镇不过是悲观情绪的城市投影而已。

直到这个世纪，城镇总是在通过雕像和其他建筑物，来庆贺它们显赫的市民。意大利人尤其如此，他们似乎特别具有崇尚民间骄傲的本领。同时，雕像也帮助提高一个地方的身份地位。否则，维琴察中心广场旁边的一块剩余的空地自然而然就变成了小广场；视觉上的一点点闪耀都能影响一个城镇。锡耶纳的小广场一点也不逊色。

城镇还有很多种偶然的庆典。维琴察统帅府拱廊就是为了庆贺勒班陀战役的胜利而建设的，对于帕拉第奥来讲，这个纪念性建筑完全没有超凡脱俗的气质。极度兴奋的情绪可以搁置好品味，为什么不这样呢？所有的城镇都应该有某种偶然的事情庆祝庆祝，有些事件让市民们沉浸在辉煌感中。建筑师克里斯托弗·雷恩（Christopher Wren）甚至设计建造了一个纪念物庆祝伦敦焰火。对于雷恩来讲，比起任何其他的事情，伦敦焰火是一个庆贺的时机。

国家事件或英雄在民间纪念性建筑物中也有一席地位。意大利几乎没有几个地方不说加里波第的。英国人最近一次雕像建设风潮是建设维多利亚女王雕像，形状和规模各异，建设的地方也是多种多样的。利物浦还用维多利亚女王雕像来标志公共厕所的位置，这是另一个极端，维多利亚女王不会高兴这样做的。

民间引以为荣的人或事通常都是在市政厅或公共广场里来庆祝的。意大利人对此首开先河，12 世纪和 13 世纪，意大利人建造了大量的市政厅，表达城邦国家的

维琴察统帅府拱廊

骄傲和自尊。佛罗伦萨和锡耶纳都是最好的例子，钟楼成为最高峰，在城市雕像中，钟楼的确是最重要的。

在科隆附近的本斯堡县办公楼上，德国人建造了一座相当于钟楼的现代建筑物。这是很特别的城市纪念性雕塑，它体现了人们对此类城市纪念性建筑的成本毫不顾及的态度。

最后，大多数城镇至今还展示出庆典最终原因的明确证据，即人和神之间存在的有益关系。宗教中心充满了以符号象征的背景。在意大利的城镇里，通常都

科隆附近的本斯堡县政府办公楼

法国沙特尔大教堂

有与世俗的和神相关的庆祝活动。在其他地方，大教堂主导着城镇。在中世纪，沙特尔这类大教堂是所有城市庆祝活动包括商业的、政治的和宗教活动的聚焦点。现在，这类庆祝活动已经丧失掉了它们的重要意义，当然，那些建筑依然尚存。

通过人工制品和节日而展开的庆祝活动，都是由城市提供给市民的一种安抚，古代和现代都一样。回报可能不一定出现在账单平衡上，然而，管理建成环境经费的人们应该认识到，这类收益会以不那么直观的形式出现。

第15章
被动的议程

最近这些年，人们已经集中注意到了千城一面的乏味特征，这就意味着，人们已经优先考虑了对抗措施。但是，基于满足人们安全需要的回应，城市化一直没有受到重视。

和激励、冲突和刺激一样，人们也合乎情理地需要安全和稳定。在安全方面，城镇里从许多方面满足人们的需要。人们居住在城镇里最初的一个原因，就是为了让城镇保护他们免遭侵犯。要塞城镇见证了它们冲突不断的历史。现在，城市不再具有这种意义上的防御功能；住在华盛顿还是生活在加尔各答，都有各自的危险。然而，可以想象，思维中依然潜意识地注意着城市的防御功能，这可能源于人的心理遗传。

不能否认的事实是，在一个群体中，人们感觉安全一些。城镇正是人集聚而成的，所以，城镇满足了人们群居的需要。在一些国家，人们可能对安全的需求更强烈些，所以，城镇提供更多的社会交往空间。这些地方有着令人感到温暖的氛围，这也许不是没有必然性。

在历史上，城镇广场一直都是最安全的城市象征。城市广场提供了完整的保护，有时，这种保护可能过度了，法国的鲁莱格自由城的巴士底德镇就是一例。在这类地方，视觉上的力系是向心的。与更广泛的世界接触降至最低。于是，巴士底德镇的城镇广场提供的是一个放大了的家庭版的安全。

狭窄的街道和“亲密无间的”商业街都传达了相同的安全信息。利茨市最近已经把中心街道网络转变成步行区（除开固定时间里允许的服务车辆外）。这个改造的效果是明显的。当然，步行商业街的最终结果是一种街道模式，商业走廊，它第一次出现在18世纪的圣彼得港的根西镇。当时，没有多少地方有这种商业走廊所具有保护的和和睦的气氛。通过城镇的商业街，我们可以看到，这个比较温暖的地区，人口日趋集聚。

城市是人对自然界任意性的绝对的答案。城市用秩序去战胜无序，城市向它的

圣彼得港根西镇的商业走廊

栖息者们暗示，自然界的变幻莫测永远困扰着我们。这就意味着自然和人为的灾难会常常影响我们。即使这样，伦敦、巴黎或罗马总是显示出它们的生存能力。

罗马对这类精神需求有着另外一种影响。罗马可能比其他城市更多地表现为一种延续性。被妥善保护下来的过去给未来提供了保护的可能性，在城市符号的标题下，人们比较完整地描绘了罗马的这种特征。

圣彼得港的商业街

场所的关联性

安全也与场所的联系相关联。在战略规划师中有这样一种倾向，把场所的联系看成实现心理健康的重要因素。在中世纪，家乡小镇的建成环境为整个生活划定了界限。大部分的出行限于附近的田野。走出小镇就是去朝圣，而朝圣一定有了多方面的宗教吸引。

现在，几乎没有几个人终身生活在他们出生的那个城镇，居住的地方常常看成是远征的基础。市民们在工作中可能被卷进了超越地方的组织中，这类组织并不与他的家乡相联系。当代国际建筑的一般设计给这种超越地方的时代提供了视觉支撑。

由于现在的生活方式的大部分时间是远离家乡的，用在出行上的时间，用在社会联系上的时间，都大大超过以前。为了从工作和旅行的压力中恢复过来，人们常常选择孤独地坐在电视机前，放松自己，而不是选择加强社会联系。电视当然是一个超越地方的因素。实际上，还有许多因素是在破坏着人与他的场所的联系。问题是建筑是否真可以抵消这种个人的和社区意义上的倾向。

有些人会提出，群体之间社会相互作用的程度比环境质量更重要。他们会说，挤满住宅的贫民窟街道，正在产生强大的社会凝聚力和群体忠诚。还可以进一步推进这个判断，这种环境不佳通过共同的生活困难反而强化了那里的社会凝聚力。和平时期的社会和谐绝不会超过战争时期的社会和谐。

这种判断使乌托邦变得苍白，尤其是那些乌托邦式的开发商们，他们期望新环境与更大的边际收益相联系。

因为人们一般都不看好这种人与人处在背靠背很少接触的环境，所以，乌托邦设想中的积极品质有时一起被抛弃了。在一个高密度、单层建筑的居住条件下，面对面接触的概率很高。直到第二次世界大战爆发，家庭还倾向于居住在一个具有特定身份的圈圈里，这意味着家庭与特定场所存在依附关系，也意味着时代的差异。利物浦的苏格兰路或格兰街附近的街上，整条街举行派对是常有的事。而这种情况若发生在汉普斯特德花园郊区，则是很反常的。

所以，单调的、脏兮兮的联排住宅成了社会交往发生的背景场面。它们的外观掩盖了这样一个事实，每一块砖头都充满着那个社会群体的象征。当规划师像抛弃破旧的地毯那样抛弃社会群体时，一代又一代的象征突然荡然无存。因为表面开明的城市更新过程给社会群体造成了伤害，所以，我们现在开始认识到，个人或群体隶属于一个现实地方的知觉依赖于两件事：

社会经验

背景

背景很快发挥起用符号表现社会经验的作用。从另一方面考虑，由于建成环境能够发挥符号的作用，所以，建成环境使人们的社会经历具体化。对于许多人来讲，摧毁这种环境就是一种心理上的受难，没有再复活的希望。

当然，城镇必须更新以保持其活力。因为城市更新是不可避免的，所以，城市更新必须按照人的需要来进行。城市更新既要有想象，也要有同情心。城市更新是在这样的背景下进行的，许多因素正在迅速消失，而这些因素可能决定了地方性。建筑、体制和语言都有这种地方性。就像地方方言消失了一样，乡土建筑也消失了。即使消除了乡土内容，特定的建筑布局、密度和多种因素都会使一个地方举世无双。例如，一个露天市场，这类社会高强度的事件也能形成地方背景，一组建筑可以形成社区强大的象征性氛围。

就在我写这本书的时候，拯救切斯特菲尔德（Chesterfield）市场的斗争正在展开。这个市场成功了，人们承认这个市场是英国德比郡北部区域的市场。自 13 世纪以来，这个市场一直都存在。在欧洲大陆，延续几个世纪的市场比比皆是，但是，在英格兰，这个市场能够延续几个世纪则是一个奇迹。

自从地方政府已经开始与一个开发商形成开发联盟以来，这个市场的更新似乎就在眼前，这种联盟实际上是很强大的。若干个世纪以来，社会经历和人造建筑物的力量已经交织在了这个场地上。通过一个简单的市议会的决定，地方居民与这个市场的联系可能就会被切断了，而 1974 年，另外一种“独特的和唯一的地方”正随着大规模购物中心的出现而随处可见，它们吞噬着空间和人。实际上，整个城镇都可以看到一份请愿书，提出保护切斯特菲尔德市场的诉求，对此，市议会视而不见。

切斯特菲尔德以及它的大量历史城镇遗产，对英国，实际上，对欧洲，都是一个方向。现代建筑的审美观是有局限性的，在如此之多的操纵者手里，建成环境约减成了一个普遍的、共同特色的建成环境。

有不少例外。埃里克·莱昂斯（Eric Lyons）无视建筑规范，在纽阿什格林他的村庄里设计建造了一个真正的一站式中心，他还在葡萄牙维拉摩拉建造了一个海滨疗养胜地。从另一个角度说，改造这个切斯特菲尔德市场的因素十分强大。英国没有几个建筑师像埃里克那样，与地方政府的规划师有深入交往，埃里克对人造环境有着整体性的强有力的看法。维拉摩拉给了他自由设计的空间，而在英国，他的设计一直遭到拒绝。

英国德比郡，切斯特菲尔德的市场

推荐意见

城市设计议程应该认可这样一个事实，作为个人和集体象征的中介，建成环境具有很大的社会意义，人依附于他们的生活场所，对他们的心理健康极端重要。因为社会经验是独特的，所以，在建筑背景同样具有独特性的情况下，对场所依赖的感觉将会更强烈一些。这是第一个推荐意见。随着国际公司、连锁商店、国际建筑和规划等这类超越地方因素的大量出现，建筑和城市空间应该强调**这是唯一的地方**（this one and only place）。这就意味着，在做设计时，提高对“场所精神”的敏感性，让所设计的社区更加巩固。

第二，从提高对“场所精神”的敏感性出发，还要考虑到这种表现场所精神的古代符号可能存在一定的社会正确性。这类古代符号先前是与它的解开谜底的诸种附属物连接在一起的。这类古代之谜的意义是对一般公民封闭起来的。只有一个特定场所的居民才会有解开这类古代符号之谜的钥匙，所以，掌握解开古代符号之谜的钥匙是迅速查明敌对渗入者的一个途径。

肯特郡的纽阿什格林

葡萄牙维拉摩拉项目

产生其系统秘密的场所缓慢地赋予最初场所一个特殊身份。当内部思维模式与外部现实贴近时，个人与他的城镇之间的关系，共享这个秘密的人们之间的关系，就建立起来了。了解一个城镇的内在秘密巩固了附属物对场所连接，巩固了有着相似连接的那些场所之间的约束。因为当代规划和当代建筑的视觉效果一目了然，所以，它们受到了批判。我们应该学会创造秘密，允许一定范围的秘密同时成长起来。

第三，快速运动的迹象和标志都在削弱地方的重要性。城镇已经放弃了建设一个重要场所强大氛围的所有机会，如英国的伯明翰，让交通工程师的愿望成为主导。这些城镇不仅仅允许车辆迅速进入它们的中心，而且还鼓励迅速地离开城镇中心。虽然交通工程师提出，人们应该在城镇中心的公共和半公共的空间里待上片刻，然而，事与愿违，不仅仅因为城市的大马路摧毁了令人神往的地方，而且因为城市的大马路成了人们“避而远之”的地方。大容量的道路让地方性或场所的任何意义荡涤殆尽。

这种现实表明，这个时代狂热的汽车交通表明，我们需要另寻蹊径，找到可以在**现实**背景下产生**真正**社会联系的地方。[1] 也许果真如此。人们依然培育着尽善尽美的社区神话，早期的锡安，就社会和城市设计而言，锡安都是完美无缺的。公路工程师过去在巴黎达到了他们成就的巅峰。现在，巴黎几乎成了即来即走的地方。巴黎的“此处”在高速度中渗漏出来。

总之，城市形式应该巩固社会经验。每一个城镇都应该是独特的——城镇视觉上的独特性和空间上的独立性，值得成为社区的符号标志。在策略层面上，城市的独特性不仅仅是建筑形式上的独特性，还包括提供高频率和高强度的社会相互作用的场所。

视觉特征会增强场所感。视觉事件的频率以及多样性的雕塑和凸显的建筑应该标记在移动路线的交叉点上。城镇应该学会如何投注于让社会满意的事情，来庆祝它们的存在，而不是去反对成本会计那种苍白的建议。

与膨胀的宇宙类似，时间和空间似乎都在膨胀，超越地方的因素正在让位与全球因素，最终让位于星际的因素，所以，个人可以联系的场所，在形象中给他提供一席之地的场所，似乎比以前更有必要性了。城镇，甚至城市，是现代生活中最后一个真正意义上的地方因素。事物现在正冲击着地方的完整性，所以，我们必须以优化**这是唯一的地方**这个宇宙支点为目的，去做城市设计。

1　F. Lenz-Romeiss，The City，New Town or Home Town，Pall Mall（1973）

第16章
边缘系统的价值观

在本书的第一部分，我简要地描述了大脑皮层，涉及了大脑边缘系统。大脑本质上是一个复合系统，大脑的诸个系统表现出不同的需要，这样，考虑大脑边缘系统的需要如何与城市设计有联系是非常重要的。建成环境应该在一定程度上孕育着大脑，也刺激着大脑。

在更广泛的意义上讲，大脑边缘系统偏向安全，当然，在爱和恨这类更强大情绪的主导下，这种偏向可能被改变。然而，这些都不是与城市设计有严格的关系。

为了更多地了解大脑边缘系统对设计的意义，有必要更密切地注意大脑边缘系统的知觉和评价能力，我们在讨论“阈下知觉”时提到过这个问题。

“阈下知觉”那一章提到，哺乳动物的大脑包含网状激活系统，网状激活系统“能够在不依赖意识的那些结构支持下，做出复杂的划分……。”另外，“一个系统发育的早期脑机制，无意识地调解刺激导向的行为”。[1] 阈下知觉不仅仅是一个淡化的意识知觉版本。实验已经揭示出，原始的复杂视觉系统可以与大脑皮层的语言中心发生联系。

所以，两个视觉系统使用一个共同的信息库，但是，每个视觉系统对共同信息库中贮存信息的**态度**很不同。边缘系统有它自己的标准，这个标准是在古哺乳动物体系下发展起来的，那时，大脑皮层的运行还不重要。

我们还有可能进一步猜测边缘系统的标准。首先，有证据显示，边缘系统特别青睐奇异的和具有很高对比度的刺激物。当然，还有那些耀眼的和独特的东西。边缘系统的标准给耀眼的或展示多种色彩的事物赋值。这种价值系统在中世纪达到了最终形式。“天上圣品阶级”（Celestial Hierarchy）一书提出，对象都按照它们对光的反射能力而具有神学价值。所以，僧侣们感到有一种神圣的责任，去收集珍稀的石头和金属，他们常常卓有成效地和热情地承担这种职责。

1　N. Dixon，“Who belives in subliminal perception?”，New Scientist，3 February（1972），252–255.

梵蒂冈圣彼得广场上贝尔尼尼设计的柱子

另外一个非理性但依然很有影响的标准是，规模等于重要性。这当然是建筑物规模大小背后的一个因素。

在边缘系统里，两个基本节奏得到生动的反应。边缘系统作出反应的第一种节奏是，比较简单的有力的韵律。原始部落舞蹈所使用的鼓乐节奏，在那些“文明的”原始社区里，这种节奏是流行乐坛的主旋律。

就建筑而言，伦敦格林尼治雷恩海军医院的柱子，梵蒂冈圣彼得广场上贝尔尼尼设计的柱子，都呈现出一种简单的连续节奏（simple serial thythm），它激活了边缘系统的相应敏感区。这种节奏也许与脉搏的节奏有关，在自然界中，脉搏的节奏有着无限可变的频率。19 世纪铁路高架桥因为它们简单、沉重的节奏，持续唤醒人类心灵深处的那种满足。铁路高架桥主导着斯托克波特（Stockport），这种特征对斯托克波特意义深远，铁路高架桥现在还是这个城市的标志。在这种工程建筑中，有一种与边缘系统相关的巨大化因素。

边缘系统作出反应的第二种节奏是，强振幅二进制节奏（highamplitude binary rhythm），对立面之间存在一个相互的和也许有意义的对话。不可能从复杂的和有争议的象征领域里分出这个反应区。有理由相信，空间辩证法 – 高 / 深，收缩 / 开阔，黑暗 / 光明 - 用原型符号的集体记忆模式，激活边缘系统中的回路。

纳吉（Sibyl Moholy-Nagy）教授在描述苏美尔人的某些设计因素时，对这种边缘系统的标准提供了一个线索。苏美尔人刻意实现规模、比例、位置和材料上并列的设计反差，突出的纪念性建筑和集体的无特色建筑的设计反差。[1] 显示出这种视觉两极的城镇，有让所有的建筑风格和时尚都存活下来的诉求。这种诉求似乎与边缘系统的标准相联系，在城市建筑的许可范围内，创造对立面之间的对话。意大利的城镇提供了这城市观念的范例。意大利的城镇似乎把如此之多的城市对话的词汇集中到了一个伟大的建筑物上，这样做似乎意味着，符号意义上的对立统一满足了边缘系统的价值系统。

这样做似乎还意味着，史诗般的和纪念性的城市经历在刺激大脑皮层的同时，也刺激着大脑的边缘系统。这种刺激常常涉及到尺度或规模。如前所述，人总是乐于创造超大规模的建筑物或建成环境，进而赋予某人超常的身份。罗马人在创造提高自我的建筑中实现他们自己，这并不意味着罗马人放弃了建设哥特式建筑的动机。

出现在边缘系统面前的另一个现象是饱和复杂性。在西方世界，从大脑皮层的

1 Sibyl Moholy–Nagy，The Martrix of Man，Pall Mall（1968）

古典主导文化，变成边缘系统的多形态（巴洛克）垄断的文化。巴伐利亚的巴洛克教堂及其由冗余信息引起的困惑，就是这种价值体系的例子。包括形式、色彩、装饰、纹理和人在内的混合的老街道，就是饱和复杂性的城市体现。现在，饱和复杂性表现为混乱的市场或泛滥的电子广告，它们常常满足了饱和复杂性的边缘系统的需求。规划师对他们大脑边缘系统里冒出来的这种愿望感到羞愧，他们似乎希望从所有的城镇里消除掉饱和复杂性。霓虹灯、色彩、复杂性都太庸俗了，不能并入到当今视觉健康的城市环境中 – 城市"像漂洗过的床单一样洁净，平淡无奇"。

所以，原始的、复杂的视觉事件可能激活人脑边缘系统，以"看不见的方式"，产生有关光与影、高与深、节奏、空间与压缩、规模等价值和意义。因为大脑边缘系统对产生的情绪做出反应，所以，这种形状的经验可能伴随含糊但积极的知觉，这种知觉可能也有内部生成的成分。

时间序列

下一步，我们考察人脑边缘系统的时间特征。科尔温（Colwyn Trevarthan）提出了大脑边缘系统知觉的一个重要方面：

> 当没有预料到的东西移出中心注意范围时，传统视觉系统了解它之前，这个没有预料到的东西首先寄存在第二个比较原始的系统中。[1]

所以，知觉的第一阶段是阈下的，服从大脑边缘系统的基本规则。原始的复杂视觉系统有比传统视觉系统要高很多的神经传输率，不受临界活动约束。

直到若干秒以后，传统视觉系统通过网状激活系统开始运行，选择有意注意的数据。受到注意的视觉域相对小，甚至在此之后，传统视觉系统还是在原始复杂视觉系统规则的基础上运行的。

如前所述，网状激活系统短期运行。随着重复刺激，逐渐过滤出需要意识注意的刺激。这是习惯，"由于刺激的重复，天生的反应衰退"。[2]就视觉术语而言，习惯服从与记忆模式相同的数据，或者调整记忆模式，以适应新的视觉事件的安排。

一旦习惯过程完成，知觉已经转变成为阈下水平。数据的接受、分类和评估都

1　From an address to the 1969 International Congress of Psychology，London

2　J.F. Mackworth，Vigilance and Habituation，Penguin Books（1969）

由边缘系统来执行。明显不受习惯约束，与大脑皮层中的过程不同。1967年，乌尔辛（Ursin）和韦伯斯特（Webster）用实验证明了这个判断。他们使用电刺激猫，发现同一种刺激重复100次，中脑完全反应。[1]

当对这种环境的知觉变成完全由大脑边缘系统控制时，大脑边缘系统按照它自己的特定态度对待接受的数据。对它有效的数据是符合经验记忆模式的，包括城市和建筑模式，但是，大脑边缘系统是从原始角度看这些数据的。大脑边缘系统"看"过程，没有时间去按照大脑皮层的反馈而做出调整。在人类进化过程中，5000年只是短暂的一刹那。所以，安全与象征原始的问题决定了心理反应的方式。

我们可以通过大脑边缘系统反应区和大脑皮层反应区的图示比较说明这一点。

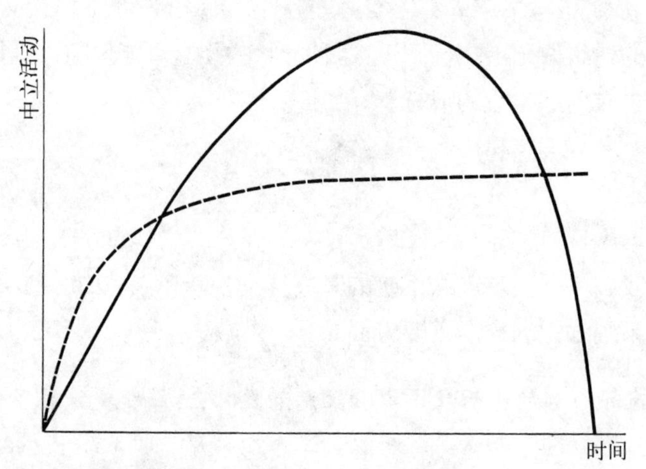

习惯率－大脑皮层对边缘系统。虚线代表由原始视觉系统调制的边缘系统反应；实线代表由古典视觉系统调制的大脑皮层的反应

设计意义

在设计中，大脑边缘系统的复杂情况有两大优势。首先，大脑边缘系统帮助抵消习惯的负面影响；第二，大脑边缘系统让审美反应完整起来，我们回头再来考虑这个问题。对于习惯现象，有些人已经提出，努力改善建成环境中的视觉标准真的是浪费时间。显然，这个看法的基础是假定，习惯意味着神经断开。我们为什么花了大段篇幅来解释阈下知觉系统的理由是，为了提出这样一个判断，知觉是一个连续现象。当然，建成环境永久性地贮存在大脑里。

1 J.F. Mackworth，Vigilance and Habituation，Penguin Books（1969），p.75

从这张图上，我们可以清楚地看到，因为大脑边缘系统用几秒钟预测到了大脑皮层的意识反应，所以，大脑边缘系统可能非常好地给大脑皮层的意识反应添上有趣的细节。在有充分的刺激去满足大脑边缘系统的知觉需要时，大脑边缘系统产生一个延续到意识反应的动量。

另外一个重要问题是，在意识层面上的习惯实际建立起来之后，大脑边缘系统的反应还会延续。如果有足够的信息与“原始”大脑交流的话，随着意识卷入所释放出来的智能，边缘系统的重要影响将会逐渐积累起来。换句话说，当有意识的“思想”反应结束后，一个场所的深层符号可能刚刚开始在大脑里贮存起来。所以，如果在一个特定建成环境中存在丰富的大脑边缘系统的材料，心理上对这个场所的依恋可能会随着大脑皮层的习惯而同时增加。一旦“较高级”贮存器中复杂旋律消失，这种对原型符号深层次满足的基础就可以辨别出来了。

实际上，规划师和建筑师都认识到，人们用他们的本能看世界，或者用人们常说的内脑（visceral brain）在观察世界。正是在这个层面上，人类才真正成为一种依恋场所的动物，在一个重视速度、非永久性和超越地方尺度的时代，最大限度地支持与场所相关的事物是必不可少的。这可能会很大程度地改变我们通常评价城市的方式，影响在对城市做一般评价时，把城市创造成一个人们喜欢的地方，而不是人们不得已而栖息的地方。

第 17 章
象征性的议程

当大脑边缘系统对那些暗示了符号原型的视觉对象做出反应时，大脑边缘系统达到它的感知的顶峰。一个真正的 20 世纪的人，如神学家潘霍华（Deitrich Bonhoeffer），可能认为，人类现在已经成熟了，不再需要古代宗教的 / 象征性符号的支持系统了。在严格神学的意义上讲，对于许多如潘霍华这样的高级人才来讲，可能真是这样。在更普遍的意义上讲，我们可以说，古代的符号表达了人类含糊的、非言语表达的需要；古代的符号主题是人类原始视觉系统观察事物方式的一部分。城市一直都在给情绪驱动的和植根很深的人类需要提供深层次的心理养分。现在，城市提供的这种心理养分依然能够满足人们的心理需要吗？

为了展开这个主题，我们首先需要了解大脑皮层的生理，了解大脑皮层发展的时间顺序。

神经生理学家认为，大脑皮层的推理潜力实际发挥出来不过是最近 5000 年的事情。如果神经生理学家的这个判断是正确的，那么，在中间皮层系统主导期间，原型符号的基本要素在集体记忆中建立起来。中间皮层系统的贮存模式具有“连环画面”或“异常清晰”的特征。清晰的记忆印记有着很高的图式背景概率，之所以如此的原因可能是，中间皮层系统也是情绪的。符号主题的早期印记一定与情绪的释放相联系，因为人们分享情绪，所以，情绪总比它释放时要大。

如果符号语言在文化上延续了数千年，而且如果符号语言刻下了异常清晰的记忆印记，那么，符号语言成为中间皮层回路一个永久部分的机会似乎非常大。如果基因可以携带有关深层语言结构回路的指令，假定通过重复，那么，这些指令为什么不涉及符号呢？

与儿童的发展做个类比。儿童的早期记忆是画面记录下来的，那时，大脑皮层还没有成熟到可以承担记忆工作。因此，童年记忆始终存在，到老了的时候，人们还能详细地回忆起童年的许多事情。实际上，贯穿于整个生命，与中间皮层系统相联系的具有很强情绪成分的记忆，很有可能具有永久回忆的能力。

另外一个重要观点是，第一个城市文明的出现与大脑皮层的迅速爆发相配合。这样，苏美尔时代大体发生在中间皮层系统和大脑皮层系统发展的交界面上。所以，苏美尔人的基本符号可能集中在这个交叉界面上，中间皮层系统和大脑皮层系统的交界面，对未来人类的发展来讲，是一个最具战略性的位置。

所有这些似乎都有理由支持荣格的看法，原型符号是“作为反应和性格系统而存在……”。

在我们这个去除神话的时代，很难让具有理性思维的从事环境事务人们去接受来自原先时代的反馈，以此影响我们对当代城市环境的知觉。但是，大脑边缘系统不仅存在，而且似乎包含了产生符号选择心理欲望的回路，这些符号选择回溯到它们的原型起源。我们有若干个理由相信，古代的符号与当前规划和建筑设计方案为什么有关系。

我已经说过，当代的生活方式一般破坏了个人和集体对场所的依附。高速交通，高速变化、来自通讯媒介的高频率和低强度的信息，都与深层次的场所联系相对立。城市居民不再属于城市，对他们来讲，重要的是逃出城市。

有些人会问，依附场所是否真的很重要。另一些人会提出，城市里没有可以依附的场所，是城市环境中出现紧张的确凿证据。

如果建成环境对所有层次的大脑都有影响，那么，建成环境刺激场所依附的机会似乎大大增加了。通过创造出使用大脑边缘系统语言的形式和空间，大脑做出深层次的反应，正是这种深层次反应的经历，才使一个地方具有重要意义。

大脑边缘系统承载着情绪，所以，当它涉及一种反应时，就有了一种强化场所相关性的情绪成分。因此，能够在人和揭示城镇传统意义的建筑物之间产生出共鸣来。

在大脑边缘系统层面的城市交流可能对社会凝聚产生影响。因为原型符号语言是原始的和初级的，因此，不同文化、民族甚至人种都会在这种原型符号中找到很多共同之处。暗示原型符号的城市形式将会产生集体的反应。不说全部社区，至少社区的一部分正是在这个层面上建立起来的。通过情绪支配的对场所的依附，人们以相同的方式去感受环境，当然会起到加强社会凝聚力的作用。我们这个时代，超越地方的媒体和组织居于主导地位，我们不能把超越地方的媒体和组织看得有多么重要，实际上，超越地方的媒体和组织都在起着与增加地方社会凝聚力相反的社会作用。

从历史上讲，在把城邦联合起来，共享符号语言曾经是一个决定性的因素。即使我们现在不再觉察到这种符号语言，但是，大脑边缘系统可能还在通过它的视觉系统“阅读”这种符号语言，所以，这种符号语言还能帮助我们实现社区统一的社会的和场所的目标。

我在第7章里描述了历史背景下的城市符号，确定了原型参考分类。在没有对现代建筑设计整体存在偏见的情况下，这些城市符号是否与当代事务有关，我们还需要加以考察。

我最近参观了白金汉郡米尔顿·凯恩斯设计的新城（大部分还在规划说明书上），这个新城让我思考城市的基本特征。这是田园城市传统下的一个不太显眼的开发项目，整个项目没有一个层次结构清晰的中心。

早期人们用生物体类比是为了支撑这样一种看法，城镇应该是有层次结构的人工制品。这一点也对原型符号有效。也许原型符号果真与层次结构有联系。

在历史城镇里，“中心”的标志随处可见。人们在通常地处山顶的城堡里修建神庙或大教堂，成为一种中心的标志，给城市创造一个金字塔式的建筑形态。在

沙特尔，大教堂和城市

佛罗伦萨，走近大教堂

沙特尔和林肯，通过建筑这个最终的形体产物，不断提醒到访者。佛罗伦萨是个平原城市，它是通过佛罗伦萨大教堂（Duomo）来实现这一点，无论走到这座城市的什么地方，都能感觉到这座神奇大教堂支配着这座城市。佛罗伦萨大教堂耀眼的大理石彩瓷立面，包括乔托（Giotto）设计的优美的塔楼，是这个从世俗城市像凤凰般地演变成永恒的末世论城市的强大标志。在本斯堡（Bensberg）随处可见的那幢行政综合体也是那座城市的重音符号。

层次结构的表达可能意味着，随着建筑顶点的升高，整个建筑尺度增加。建筑的"色调"也在变化，这种色调代表了从边缘到中心，身份的相应提高，可以包括形式上越来越正式，或通过装饰，让视觉事件的密度越来越大，如同我们在走近西班牙布尔戈斯大教堂（the Cathedral，Burgo）的过程中所看到的那样。换句话说，随着我们走近城市的中心，场地的脉搏越跳越快。

苏格兰的新城坎伯诺尔德（Cumbernauld）完全没有实现这种象征效果。这个新城的整个商业中心被压缩进了一幢单体外观的建筑中。它令人敬畏，却不招人喜欢，当然，它不能成为城市中心标志的原因是，它周边的空间没有开发。这个商业中心没有在这个城市结构中脱颖而出，反倒像堡垒一样屹立在那里，紧靠护城河的未开发的无人之境，把它与社区隔开。显然，设计者设想，大部分顾客都会驱车而来，实际上，坎伯诺尔德还没有几个人享受这种奢华的生活。

这一切都意味着城镇的高层建筑政策。1960 年，圣保罗大教堂（St Paul's Cathedral）的屋顶是伦敦的天际线，它给伦敦提供了金字塔的形式。现在，许多高层建筑都越过了这个天际线，以致圣保罗大教堂所创造的伦敦天际线已经不复存在。虽然 20 世纪 70 年代把物质生活放在优先之列，如果这些高层建筑在空间上真的集中起来了的话，伦敦市中心的层次结构模式还是会保留下来的。

现在对建设高楼的偏爱几乎无一例外地来自一定程度的象征动机。最初，塔象征着逃出地面现实世界的约束，奔向天堂。这是一种巨大的原型欲望的表达。通过与超常尺度相联系，人们象征性地摆脱了道德的锁链。曼哈顿其实就是放大版的圣吉米亚诺（S.Gimignano）。

锡耶纳提供了在祭祀仪式中表达的原型主题的超级符号，永恒只能通过死亡而获得。现代城市建筑可以用锡耶纳方式去表达收缩和开阔，光明和黑暗之间的对话。有些英国建筑师和规划师显示出了对波长的敏感性，例如，埃里克·莱昂斯的纽阿什格林村，肯特（Kent）和罗伊（Roy Gazzard）有关基林沃思新城的概念。

圣吉米亚诺给库仑称之为"深渊"的东西提供了一个例子。这个幽深的、黑

西班牙布尔戈斯，走近大教堂

伦敦南，塔梅斯米德 GLC 开发

暗的拱道，具有令人毛骨悚然的洞穴原型，母腹原型。这个拱道是纯形式和空间；对没有时间的建筑而言，没有任何时候像现在一样。

最后，把水引入城市环境有可能引起原始共鸣。在当代建筑中，水常常被贬低为一种装饰。在设菲尔德大学 20 层艺术大厦的脚下，是一个长方形水池，其中装有深度为 8 英寸的水。这个建筑产生的风让这个水池很快就废弃了，现在只是偶尔注水而已。应该说，这是滥用水元素的典型案例。

建在法国里维埃拉的格里莫港（Port Grimaud）是当代把水引入建成环境的成功案例之一。这个新城是按照这个地区海洋时代的地方建筑风格设计的。在伦敦，塔梅斯米德新城把水引入了整个居住区，让这个地方具有疗养胜地的风格。

许多城镇都包括了河流或运河形式的水路。因为它们成了工业排放污物的下水道，所以，它们的视觉和符号意义大打折扣。像曼彻斯特（Manchester）和设菲尔德（Sheffoeld）这类城市，能够通过最好地利用水道而振兴它们的中心地区。人工建筑物和水之间的融合所产生的心理上的影响，远远超出了纯景观的意义。

第 18 章
城市化的辩证法

像本杰明·布里顿（Benjamin Britten）的《珀塞尔主题变奏曲》中分别描述每一种乐器一样，发展城市观念的工具一直是分别加以描述的。实际上，城市观念的发展源于这些工具的结合。好奇心和解决问题的需要出于大脑皮层；对饱和复杂性、具有原型符号暗示的系列节奏和二元节奏的偏爱来自边缘系统—所有这些可能在广泛的城市辩证法中找到满足。这个理性原则如何可以创造性地或破坏性地运行，对此现在来做出推测未尝不可。

我们可以用托迪的忧苦之慰圣母堂（S. Maria della Consolazion）写一篇有关设计的经典杰作，但是，忧苦之慰圣母堂的真正影响来自它泰然的经典对称和它与周边环境之间的关系；即山坡上的树丛，山下的城镇。

意大利，托迪，忧苦之慰圣母堂

法国，奥弗涅，圣内克泰尔

对这种视觉事件集合的心理反应是复杂的。大脑皮层可能对忧苦之慰圣母堂的经典纯粹性做出反应。边缘系统则从人工创造物和自然之间的对立统一，或被人有序安排的和天造地设的对立统一中，获得满足。这里建立起来的是一种大振幅的二元节奏，一种双极节奏，诱导出深层反应，卷入理智和情绪。

意大利维琴察的罗通达别墅

从贝克斯景观区看剑桥大学国王学院

对于法国奥弗涅大区克莱蒙—费朗附近圣内克泰尔市的小教堂来讲，人工建筑物小巧玲珑，而奥弗涅的山峦苍茫无际。遇事冷静的希腊人懂得，如何通过把他们最高的建筑雕塑典范与蛮荒的自然景观反差产生情绪，如在德尔菲（Delphi）。

帕拉第奥在他围绕维琴察的别墅里优化了这种对话，享誉盛名的例子就是罗通达别墅（Villa Rotonda）。在 18 世纪的英格兰，人们一般把建筑物建设在理想化的景观范围之内，小心翼翼的同时创造出"优美的全能体"来，英国德比郡查兹沃斯的布莱尼姆宫（Blenheim Palace）和剑桥的贝克斯景观区（Backs at Cambridge），都是不得不提及的典范。像"能人布朗"那样一类人，把克劳德和普桑的绘画作品变为了现实。当人们把整座城市建设在壮观的群山之中，如萨尔茨堡，他们不断地而且常常戏剧性地改变了那里的环境，渴望建筑与自然的对话产生出鬼斧神工的效果。

这种对立统一所表现的正是超越自然混沌的有关秩序的原型主题，超越无序的有关系统的原型主题。无论叫什么名字都无所谓，它们都是对天堂最终数学完美的城市的预先体验。当然，在水和人工创造物之间的这种对话，使得其戏剧效果倍增。威尼斯毫无疑问是个令人羡慕的地方。这个城市与水的关系的情调变化多端。在一些地方，这场城市与水的对话达到史诗般的高度；而在另外一些地方，这种对话关系宛如人们之间的邂逅一般。在建立低调的、非正式的、地方的与水的对话方面，荷兰人的创造无与伦比，如阿尔克马尔和德尔夫特。在阿姆斯特丹，建筑与运河有着正式的关系。除伦敦之外，英国只有利物浦一个大城市与水有着仪式性的关系。

人们从来没有像现在这样积极地追逐**风格**的辩证法。我们现代可以确定进入了战后国际风格的时代。特别是在美国和英国，建筑的自信达到了巅峰，如同在大学城里建设中那样。西德有一个精致的竞争者，本斯堡县大楼，它与小尺度的中世纪风格的建筑物形成能够极端的反差。在国际幕墙美学曾经自我否定和没有特色的地方，现在的美学很青睐造型奇异的建筑。随着丹尼斯·拉斯登（Denys Lasdun）设计的国家剧院的建成,伦敦南岸现在成了这类造型奇异的建筑的展示场。

城市剧

就像剧场表现出理性和情感一样，利用视觉剧背后的潜力，城镇同样表现出理性和情感。人们一直对锡耶纳的低矮收缩的拱门或高且窄的通道与坎波广场之间的对话情有独钟。

意大利的威尼斯

荷兰的阿尔克马尔

荷兰阿姆斯特丹的伦伯朗

英国利物浦皮尔西德码头的建筑

英国伦敦南岸的国家剧院

英国根西岛圣彼得港口的哈夫洛特街

从哈夫洛特鸟瞰海湾

这是最好的城市剧，像剧场一样，包含了强有力的象征性的成分。

阿西西证明，在城市没有预料到地开放了一个特殊的视线，让人看到无限的远方时，如何看这个城市剧。英国根西岛圣彼得镇建在港口的一个斜坡上。一条叫做哈夫洛特（Havelot）的街被高墙包围起来，当这堵墙打开时，港湾、大海和远处的岛屿，突然进入眼帘，令人久久不能遗忘。甚至对当地居民来讲，这个景色也是永远都在变动着。

地下的辩证法

场所有可能通过其内在的关系让人满意，即使这种内在关系是理论层面的，似乎没有多少理由讲这种内在关系，场所也可以通过内在关系让人满足。这是因为，关系正贮存在认知的或风格的层面之下，处在一个也许刚好在识别临界点之下的平面上。

法国巴斯克城镇巴永纳（Bayonne）的传统街景就是这个原理的一个范例。那些对比例（窗位，檐口高度）敏感的规划，巴永纳应该是一场噩梦。实际上，大

法国西南部的港口城市巴永纳

部分人，包括规划师，都会认为巴永纳有着令人愉悦的街景。

之所以如此的理由不少。首先，巴永纳享有频发的视觉事件。当代建成环境甚至还把它已经接近单调的视觉事件分割开来，所以，人们越来越需要像巴永纳这样的地方，它们满足人们知觉上对视觉事件频发的欲望。考虑到积极和消极两个方面，令人忧虑的是，建筑师和规划师并不认为巴永纳的现代建筑有什么问题。实际上，现代建筑几乎是以灾难性的方式给巴永纳留下自己的印记。大约 90 米长的河岸，清一色的最无特色的市场和停车场，甚至直击巴永纳的历史中心。

新旧之间的并列使得旧巴永纳品质显现了出来。在新建的巴永纳，虽然视觉事件密度不低，但是，视觉事件的频率基本上是不变的。整体要有一个节奏。正是这个节奏在**视觉事件**的抽象水平上试探的这个整体的节拍。因为节奏发生在风格和时尚认知水平的背后，所以，节奏是一个极端微妙的问题。但是，节奏是一个强大的统一因素。可以认识的事物相互之间，可能在单位规模、色彩和形状等方面没有什么关系，但是，在视觉事件的纯现象层面上，是可以建立起一个凌驾其上的统一体。这个观点完全不在这个市场的建筑师心里。“视觉事件”与“明显差异”相联系，对心理学而言，“明显差异”是指能够在与背景或相邻事件的关系中

巴永纳的鱼市和停车场

感觉到的任何事物。“视觉事件”与它相关的理论没有什么关系，为了在“视觉事件”这个层面上分析一个特定的城市布局，可能需要把这个城市布局转换成为一个非理论的编码，这个编码支撑着这个城市布局的直接关系，而非这个城市布局点到点的关系。可能具有潜力的事情是由激光拍摄下来的全息照片，全息照片把视觉事件转换成了抽象模式。这样，就有可能在没有认知“噪声”的情况下，感受一个城市布局。

在一个给定的城市布局内，密度仅仅确定了视觉事件的数量。通过视觉事件**变化**的一致性，把进一步的复杂性增加到节奏等式上。不仅是视觉事件发生的频率，还包括它们之间的差别率。

英国柴郡南特威治镇（Cheshire town of Nantwich）一系列的建筑，可以说明这里所说的究竟是什么意思。在南特威治镇视觉事件的密度中，当然有节奏，但是，这些视觉事件本身却是不变的。这个建筑系列在表面上呈现出混乱，混乱的程度甚至超过巴永纳。虽然这个建筑系列在风格上有差别，墙壁、檐口和山墙几乎都有着迪士尼式的夸张，但是，这个建筑系列有着超越由视觉事件频率、变化或变化速率构成的节奏。

通过与开发商低成本、高回报、零满意的建筑标准件并列，这个建筑系列的品质有了明显的反差。英国的规划法规授予地方政府权力，去防止开发商低成本、高回报、零满意的建筑出现，然而，开发商本身没有这种愿望，权力又有什么用呢，好销售或高回报的前景据说缓和了开发商的情绪。

通过视觉事件的**强度**，产生这个抽象层面上的最终关系层。如果密度与频率相等，强度则等于幅度。这里关注的是，城市景观主要元素之间的**差异强度**。用平面的变化，阴影深度的变化，材料、色彩和纹理反差上的变化，来解释幅度或强度。这里，图式和背景的内在关系产生出节奏来。

我们可以在剑桥的国王街（King Street，Cambridge）看到，人们如何摧毁所有这些微妙的蕴涵关系。这条街出现在中世纪，街上至今尚存的大部分布局形式也可以追溯到中世纪。视觉事件密度、变化和强度上的和谐，建立起了一个一致的“纹理”。基督学院一幢新建筑巨大的后立面，让这条街的节奏戛然而止。这个新建筑不仅在尺度、纹理（和原先提到的所有其他元素）上与这个场所的氛围相抵触，而且产生了一条咄咄逼人的独立方向，预示国王街行将寿终正寝了。

令人不安的是，某些建筑师和规划师恰恰破坏的是，像国王街或国王大道的丰富性和无秩序性。有些人可能选择用现代学生公寓综合开发的“秩序”，去取代现存的“凌乱”，这并非天方夜谭。从国王街，跳到国王大道，实际上是很小的一

开发商对南特威治的影响

剑桥，国王街以及基督学院的新建筑

剑桥，国王街的游人

步。这些隐性的辩证法，暗中的节奏和关系，恰恰是形成一些城镇外观的重要因素。城市的全部辩证法明显是个多层面涉及的问题，包括设定范围内的所有视觉现象。城市的全部辩证法现在依然蕴涵着成功的或创造对立统一的条件。

作为第一条标准，城市的辩证法提出，只有当视觉环境遵循了整体性原则时，一个创造性的对立统一体才会发生，也就是说，视觉环境的整体影响大于视觉环境所有部分影响的算术和。人们首先会问的问题是，嵌进一个建成环境中的新建筑的影响究竟是什么：它与其邻居是否产生了相得益彰的富有创造性的对话？这种创造性的对话由一致性和反差的元素组成，这种对话是一个很微妙和很复杂的问题。就像词汇生硬一样，这种创造性对话的元素仅仅在城市环境中暗示这种创造性辩证法的特质。

用最一般的话来讲，新建筑可能产生两种对话关系。在第一种对话关系中有一种阈下知觉层面上的系列节奏，整个段落上的视觉事件密度、变化和强度都统一在这个节奏下。同时，在认知层面上，可能存在一种最大可能的反差，这样，从而在显示出统一的元素和确定具有多样性的元素之间，产生出一种创造性的关系。

假设的国王大道

本斯堡县政府办公楼（Bensberg County Offices）可以用来说明这个原则。从风格上讲，这幢办公楼与中世纪风格的建筑存在极大的反差。对比附近整修过的中世纪塔楼，这个办公楼成了一个美妙的视觉事件焦点。但是，在这个认知层面之下，存在形状和角度上的类同关系。在视觉事件变化和频率的抽象层面上，存在着一种约束性的节奏。有许多对大振幅二元节奏产生影响的元素。同时，存在若干阈下知觉层面上的系列节奏，当可以感受到办公楼和城镇之间的关系之和时，这种阈下知觉层面上的系列节奏更为明显。

在第二种对话关系中，一种大振幅二元节奏控制着主导元素和若干从属元素之间的关系。这是一种基于图式和背景反差的对立统一关系。

在剑桥圣约翰学院新增克里普斯大楼（Cripps Building）之前，新法院（New Court）的背后是这个学院试图避开的部分，那里有最好的传统忏悔式建筑。托马斯·里克曼（Thomas Rickman）把他所有的建筑资源统统放到了面对贝克斯（Backs）的立面上。

在新法院背后增加了克里普斯大楼之后，那里的情况变化了。克里普斯大楼无论从哪方面讲，视觉复杂性和平面上的不规则，都与新法院形成反差。因为这个

圣约翰学院，克里普斯大楼，对着剑河的立面

老建筑，风格拘谨，视觉事件寥寥无几，所以，成为克里普斯大楼的一个很好的陪衬，同时，克里普斯大楼鼓励重新评价新法院，以新的角度去看它仓库般的简洁。所以，它们相得益彰。当然，这个对立统一还没有到此为止。

在这个知觉等式中，还有一个符号成分。克里普斯大楼绚丽的白色外墙色调与灰色的新法院形成强烈反差，给这个最终的“城市”带来了原型信息。另外，克里普斯大楼在若干个地方与水相关，在与剑河（Can River）接触的地方，实现了一种威尼斯人的对话。

在这种情况下，所有的建筑师，都会去占有得天独厚的自然条件优势。克里普斯大楼和格兰奇路上的莱克汉密尔顿大楼（Leckhampton House）都最大化了这种对话。

就整个城市情形来讲，设菲尔德的克鲁西布剧院（Cruvcible Theatre）展示了这种能够扩展到它周边更大区域的品质。克鲁西布剧院是一幢多立面的建筑，这些立面成功地与它周边多样性的环境建立起一种动态关系。一方面，窗户的简单水平线把人的注意引向了细腻的立面和维多利亚大厅的塔楼，同时，创造了一个不规则广场的暗示。对面的莱森剧场(Lyceum Theatre)的一角也实现了相同的效果，莱森剧场是这场对话的另一个主要方。一个具有多种氛围的建筑，既要适应于近邻，同时，它自身又要成为一个连贯的整体。克鲁西布剧院不仅给设菲尔德剧场带来了新的活力，也把城市剧带到了曾经不引起人们兴趣的地区。由于克鲁西布剧院，现在，人们要求保护莱森剧场。

至此，我们一直把注意力放在空间的对立统一上。实际上，同样的原理在时间维上也适用。米勒早就提出："能量只落到我们的眼睛里、耳朵里、皮肤上和其他知觉器官上是不够的；关键的事情是，这些能量的模式**必须以看不见的方式保持变化。**"[1]

有可能通过建成环境内的变化满足这个条件，这种变化可能以不同的频率发生。

高频率变化

甚至于老居民也会对一个城镇从早到晚的特征变化感到惊讶。这不仅仅是因为一个建筑内部的照明所产生的效果，而且因为"电环境"，如广告和人工照明。不仅是那些重要的建筑有资格做照明处理，整个城镇都应该做照明设计。照明方式可以改变，建立一种不断变化的**声光节**（sonet lumiere)。通过位置和色彩上的照明变化，城市雕塑是一个容易感到变化的视觉对象，尤其是加入水的元素。雕塑本身也可以有变化，它的形式可以按照若干组合而改变。

人们用城市空间来举办节日活动、办展览、做市场、示威游行都能影响大频率的变化。这是为什么一些城市空间应该由市民们来设计。

我们可以像改变商店橱窗里的陈列品那样来改变城市，但是，这种累积效果可以认为是短期变化，帮助人们从心理上感受到这个城镇在变化中。

中频率变化

无论那里，只要大自然进入建成环境，随着季节的周期性变化，中频率的变化不可避免。植物可能进入这个类中。树木甚至都可以移动，若干年前，人们还是

1　G.A. Miller，心理学，p.34

不能接受移动树木的想法。

地面景观的变化可以采用中频率变化。现在时兴建设步行街，伴随着地面景观的设计。鼓励城市空间特征发生中频率变化,这就如同商店有规律地更新门面一样。

驱车的人是最不希望中频率变化的消费者，一条道路突然变成了单行道，会花去他们很多的时间，中频率变化有时不会即刻产生效果。

低频率变化

如同人体一样，为了保持活力，城镇必须更新它们的“细胞”。大部分城镇都在不断地发生小频率的变化，有妨碍的建筑不断更替。持续优化的原则应该确保新旧之间有一个不断变化的和令人愉悦的对话。牛津和剑桥等大学的校园里，像切斯特这类历史城市里，一直都在实现着这种新与旧的对立统一。

低频率变化关注的是，在基础设施相对不变范围内的环境调整。牺牲传统基础设施，给汽车交通让路，这样的城市通常糟蹋了它们的资产，当人们重新发现了步行时，这些城市将会为此付出代价。

第 19 章
走向一种审美理论

也许对立统一原理给审美反应（aesthetic response）的性质提供了一个线索。在描述价值体系的过程中，人们提出所有价值系统都依赖于重要关系原理。也许我们已经有可能推测这种重要关系的性质。

我们可以从二元心理活动原理推导出深层审美反应的本质。大脑皮层和大脑边缘系统都是半自主的，大脑皮层和大脑边缘系统各自显现一套合乎逻辑的价值体系。

常常有一个与知觉相伴的内脏反应。这是一个事实。这个事实给我们的判断提供证据，大脑边缘系统可以与一个评价性的或审美反应相关。美的影响可能刺激眼睛湿润，或引起胸口不可名状的知觉。内脏功能和情绪都是由大脑边缘系统控制的。

完全从审美层面上讲，作为理性活动中枢的大脑皮层青睐与偏爱一致的视觉关系和比例。正如巴赞（Jacques Barzun）所定义的那样，用比较广泛的文化术语讲，这种选择与经典倾向是一致的。这是一种建立在和谐关系基础上的价值体系，对立元素之间的替换是“合理的”。“经典的”例子是 $1:\sqrt{2}$ 的比例，它是希腊时期、哥特盛期、文艺复兴盛期和乔治时期建筑的规则。在这个艺术氛围里，所有的对立面都和解了，所有的冲突都被解除了。

大脑皮层寻找所有现象的意义模式，所以，连接成为一个整体大于部分之和的事件，从审美上培育着大脑皮层。用审美术语讲，这个整体原理也是优美原理。

帕提农神庙、奥弗涅的圣内克泰尔（St Nectaire）、托迪的忧苦之慰圣母堂，都对综合事件模式产生了影响，这些视觉事件是简洁的、纯粹的以及和谐的。一个高级文明的审美价值体系熔解了所有的冲突。它们服从维特鲁威的格言，它们的形式绝对完整，摧毁它们的办法是画蛇添足。

正如第 16 章所讨论的那样，大脑边缘系统的选择可以概括为：

1. 奇异的；

2. 具有高光亮和色彩发生率的饱和复杂性；

3. 明显的、规则的系列节奏和两极二元节奏；

4. 巨大化；

5. 原型符号。

在强调大脑皮层和大脑边缘系统两个系统的自主性时，不应该忽略这样一个事实，大脑皮层和大脑边缘系统之间存在着相互作用。对审美反应的解释可能得出这样一种判断，审美反应同时和谐地来自大脑皮层和大脑边缘系统。

我在这里所要提出来的观点是，在深层次地反应一个视觉簇团时，心理意义上的最优价值得以实现。也就是说，大脑皮层和大脑边缘系统都参与了这个深层次反应，大脑皮层调动了它的理性的、古典的标准以及为比较尖锐视觉事件而兴奋的大脑边缘系统。

据说巴赫（Bach）的音乐，既刺激智力，也刺激情绪。卡农和赋格的价值体系，凌驾于系列秩序和一致模式之上的知觉，都出现在大脑皮层里。当我们把这个判断直接与具有精确的和深藏的简洁性，规则的简单节奏的一首赞美诗联系起来时，因为这首赞美诗有一种复杂与智力和简单与自然之间的对立统一关系，所以，它对人产生深层的影响。人类思维似乎从辩证关系中得到的最多。

罗马的圣彼得广场可以显示这个判断如何在建筑上体现出来。贝尼尼壮丽的柱廊与卡洛·马德纳（Carlo Maderna）精细但非常有规律的立面形成了大幅度的反差。这个立面本身显示了秩序和饱和复杂性之间的冲突，这是巴洛克盛期的特殊对立统一。马德纳增加的是这个柱廊有规律的大频率系列节奏，从而保证了大脑边缘系统参与到知觉反应中来。

在一个比较简单的层面，当一个建筑布局范围内有一个市场时，相同的对立统一原理发生作用。佛罗伦萨的圣罗伦佐教堂（S.Lorenzo）复杂的集合形状提供了这个建筑事件正式、有序的模式，这种模式与人类商业活动和新奇所带来的纷乱一起产生了创造性的冲突，这种纷乱提供了大脑边缘系统钟爱的光彩、喧哗和饱和的复杂性。在意大利的维洛纳，药草广场（Piazza Erbe）把建筑和雕塑与不拘礼节的市场统一到了一起。

前面，我提到过巴赫的音乐。就建筑内部而言，沙特尔大教堂与巴赫的音乐等量齐观。在1194年的大火过后，沙特尔大教堂进行了重建，当时需要一个完整的代表作品，一定是历史上独一无二的，这个要求实际上真的被超过了。后来的人们一直都在证明沙特尔大教堂内部神秘的美。这种神奇的美是因为丰富的大脑边缘系统和大脑皮层标准吗？

罗马，圣彼得广场

这个新的大脑当然有了很大的满足。沙特尔大教堂的秩序和对称都是非常古典的。垂直和水平布局都处在完美平衡的状态上。对于一个哥特式大教堂，沙特尔大教堂在节省建筑元素上近似苛刻。沙特尔大教堂强调的是空间模式和一贯性。

同时，通过建筑体量、宽度和高度，这个哥特式大教堂唤醒了那种被描述为“超自然的”反应。大脑边缘系统的反应是块状的，色彩厚重的窗户所产生出来的阴暗，加重了边缘系统的反应。价值的原始层次结构还有另一面，耀眼的和明亮的色彩，沙特尔大教堂建立起了一个用无华饰而体现出庄严的建筑模式。沙特尔大教堂用简单的系列节奏，把整个内部安排约束在一起。沙特尔大教堂实现了冲击新大脑和旧大脑的价值精华，其中保留了沙特尔大教堂一定的神奇。

在不同的时代，纽曼（Neumann）设计的弗兰克尼亚菲尔岑海利根朝圣教堂（Vierzehnheiligen）做了与沙特尔大教堂相同的事情。在装饰上，菲尔岑海利根朝圣教堂建立了一个把大脑边缘系统引向极端状态的巴洛克价值系统。当然，超越这个表面规则的是，建筑的高度空间有序。在饱和复杂性和智力复杂性之间有了一个最成功的对话，以致人们把这个教堂称之为建筑师的建筑（architects' archtecture）。

佛罗伦萨圣罗伦佐教堂外的市场

意大利维洛纳的 Erbe 广场

德国弗兰克尼亚，菲尔岑海利根教堂

威尼斯的圣马可广场

在比较宽泛的城市背景下，对立统一关系原理实现完整地表达。我们已经用威尼斯圣马可广场的空间推测品质描述过这种表达。当然，这只是圣马可广场的一部分特征。就大脑皮层而言，圣马可广场是一个有序的空间，连续和优美。同时，圣马可广场也有刺激新奇性的驱力。

虽然圣马可广场有着理性的复杂性，但是，这个广场有许多事件有可能满足大脑边缘系统的标准。高频率系列节奏表达的建筑组成了这个广场的三个边。

圣马可广场的这三个边，把心灵引向了圣马可大教堂的正面，它与圣马可广场的另外两条边上的建筑在各个层面上形成对比。所以，在圣马可大教堂和圣马可广场的三条边之间，也有二元的、高振幅的节奏。

圣马可大教堂的正面本身是一个饱和复杂性的范例，金碧辉煌的立面刺激了大脑边缘系统。三个巨大的旗帜进一步带来了明亮的色彩；这个大教堂展示辉煌，是壮观的威尼斯的标志。

圣马可广场的大钟楼充分地满足了大脑边缘系统对巨型事物的欲望，这座钟楼具有所有超自然的品质。同时，在水平的和复杂的主导性大教堂和简朴的垂直钟楼之间，形成另一个二元节奏。对形状和商品饱和复杂性的期待，狭窄的空间，与边缘系统符号相关的活力，各式各样的空间谨慎地开启着这个广场。影响边缘系统的一个重要因素是人的集中，展示它特定种类的饱和复杂性，同时，满足参与的需要，甚至鸽子也对复杂性和运动有影响。

最后，整个城市系统用史诗般的自信拥抱了大海，洋溢着与原型关联的对抗。圣马可广场大量的交流是与边缘系统相关的，尽管边缘系统不断受到刺激，由于边缘系统表现出要维持全方位的反应，所以，对习惯势力而言，圣马可广场的空间似乎具有很大的弹性。

总而言之，这个广场能够引起深层次的心理反应。在大脑皮层和边缘系统视觉标准之间有着丰富的相互作用，这些标准诱导出多方面的审美反应。这个广场展开了大脑游戏，泄漏可能成为目的地的蛛丝马迹，沿着深层意义符号波长产生共鸣。圣马可广场悠久的历史象征着生命的延续，符号化了延续许多世纪的服从一致模式的活动。圣马可广场与水共舞。毫不足怪，威尼斯处处迷人。

结论

关系原理渗透到了所有的价值体系中。大脑皮层和大脑边缘系统的价值体系的确如此。当关系原理统一了大脑皮层和边缘系统的反应时，情况更是如此（也就是说，关系对心理更重要）。完整的审美价值似乎依赖于两极事件之间的对立统一关系。

单体建筑层面就展示了审美价值对两极事件对立统一的依赖，在单体建筑层面，整个建筑的统一和各个部件的自主性之间存在着一种关系。这是当代建筑师正在做的一种博弈，在“形式服从功能”和形式等于统一性或一致性之间对话。

跨越比较宽泛的城市范围，节奏和模式之间微妙的对立统一关系常常在深层次上满足大脑的需要。也许由于一个暗示回报目标的蛛丝马迹,“动态的”或“运动的”空间有时产生刺激运动的大幅度二元节奏。

这就等于在推测大脑控制着一个与视觉反应相联系的价值体系。在大脑皮层和大脑边缘系统同时做出反应时，价值似乎会给那个反应大的加码。另外，评价标准似乎青睐两个大脑之间产生相互激励或控制论关系，这种关系克服了大脑系统内部大脑皮层和边缘系统固有的分离状态。系统进化似乎已经产生了大脑皮层和大脑边缘系统之间冲突可能大于和谐的状态。最终的审美反应基于这样一个事实，最终的审美反应对“焦虑的对立”或“分裂生理学”提供一个答案。当一组视觉事件产生互补的节奏时，由于两种心理系统合二为一，审美可能成为一种治疗。

最后一点：正如第 8 章和第 10 章描述的那样，可以想象，从基本上发生在大脑皮层里的关系性价值，即经典的价值体系，转变到支配自然状态下边缘系统的价值：饱和巴洛克的多形态，文化循环是永恒变化的结果。文化似乎在大脑皮层主导和大脑边缘系统主导之间来回振荡。更精确地讲，大脑皮层周期性地用理性理想的冲击，用古典视觉价值的冲击，对慎重的边缘系统做出反应。一旦这种理想得以实现，在大脑皮层中习惯因素的帮助下，边缘系统的标准逐步接管下来，大脑系统只能短时期地享受完美。

对于设计师来讲，认识到和理论化这个矛盾是很重要的。设计师本人处在一个文化系统中，就价值标准而言，这个文化系统是不断变化的，认识到为什么存在思潮，思潮正在把我们引向何方，会具有很大的优势。

在一个意义上讲，在创造性的对立统一中，人类的大脑具有巨大的知觉潜力和创造潜力，基于这个事实，建筑美可以推进大脑的优化。有不着边际、脱离现实的经典的美。也有饱和复杂性的美。然而，只有在经典回到现实中来，把“多形态主义”置于凌驾它之上的秩序中时，最终的美才会发生。

这些不过是城镇可以引起兴趣和保持清醒的几条途径而已。一座城镇是一个很大的人工创造物，足以容纳大量的对立面。城镇应该是一个安全的和和平的地方，一个令人激动的探索和解决问题的驱力。城镇足以容纳多样性的价值体系。城镇是小宇宙中人性的看得见的表达。虽然存在习惯，如果一个地方在交流模式上是多方位的，就可以维持心理满足。如果这个地方还转向了原始的符号波长，那么，这种满足会发生在更深的心理层面上。

第三部分
城市设计中的心理策略

第 20 章
目前的设计方法

我们小规模地考虑了城市景观的知觉层面，我也一直在提出基于心理需要和心理意愿的设计方式，现在，我要提出的是一种最有可能得出满足心理需要和心理意愿解决办法的设计战略。

即便我们真的掌握了建筑和城市背后的设计秘密，通过寥寥数页纸，还是不可能让这个设计秘密大白天下。当然，提出一个广泛的设计战略还是可以的，这个设计战略能够承载变化、复杂性和矛盾，变化、复杂性和矛盾是城镇或城市这类大规模有机体的基本要素。现在，城镇尺度上的设计哲学一般生产出来的是一种规模巨大而结构异常简单的有机体，换句话说，现在设计出来的是恐龙，不但不能适应变化的环境，而且相当丑陋。

实际上，这个设计战略是一种对设计的心态，所以，我们不应该拿一种设计心态去与建筑师使用的详细设计方法做比较。城市环境下的设计需要心理上的策略，这种心理策略的目标是最大限度地利用适当时代里大脑的多种能力。

一般而言，大部分建筑师现在都在使用以下三种设计策略中的一种，当然，相关联地使用另外两种设计方法的要素。这三种设计方法可以定义为

惯性方法

科学方法

直觉方法

惯性方法

顾名思义，设计的惯性方法是最方便的策略，只要做出最小决策即可。这是一种用旧答案解新问题的策略，这套策略实际上比人们想象的使用频率要大得多。在一个工作超负荷的时期，惯性方式吸引着建筑师们，通过**不折不扣的**（in toto）使用原先的设计，节省时间和生产成本。过分实施家长式管理的政府，鼓励建筑

师使用原先的设计，政府用住宅样板间诱导建筑师，迫使建筑师服从一定的尺寸和坐标。

那些非常依赖机械性服务的建筑类型，如医院或实验室，假定原先的设计可以得到反馈和发展，重复设计的决策未尝不可。但是，重复单调得令人厌恶的住宅，用千篇一律的建筑去蚕食城市景观，地方政府这类行径是不能谅解的。

建筑设计事务所采用惯性方法展开建筑项目设计日趋流行。使用标准设计，在一定程度上是合理的。有些建筑师设计某种构件，每次使用不同的组合。这是采用惯性方法展开建筑项目的一种微妙形式。按照大脑的系统最大化原理来讲，标准化的生产细部存在内在的危险，因为标准化的生产细部使用得越多，放弃它们就变得越困难。

科学方法

按照传统的理解，科学的设计方法是在20世纪60年代发展起来的一种设计策略。若干人，如克里斯托弗·亚历山大（Christopher Alexander），把科学方法推至极端。对那些采用科学合理主义观的人来讲，科学方法至今魅力无穷。

科学的设计方法是通过严格的逻辑法则处理问题的一种手段，直接推论出可预期的结果来。所以，这种方法也可以称之为系列设计法。这种方法按照一套规则来运作，使用的是一致性需要这种宝贵的心理天赋。设计问题被分解成为几个组成部分，每一个部分都作为一个单独问题来解决。在每一种元素都开发出来之后，加到设计方程和新的整体上，检验其冲突。在这种模式中的设计基本上是一个综合问题；合理地设计出来的部件，如平面布局、结构、设备、立面，逐步结合成为一个完整的设计方案。

科学的设计方法有时承诺使用一种称之为“动量方式”的思维程序。不同于惯性方法，动量方式不屑原封不动的复制过去，当然，一般还是继承过去的成就的。把已经掌握的信息提供给做新设计的那个系统。在这种思维模式控制下，科学的设计方法不能在设计上产生很大的突破。逻辑和创新并非预先就同时存在。

对设计师而言，这种方法重技术，轻想象。它提供了一个令人敬畏的信息加工模式，在一定程度上，这种信息加工模式可以诱导出创造性的错觉。一旦每个设计细节上都运用科学方法，诱惑人们相信，期待设计会自动出现。学生们第一次使用的科学方法时，常常沉沙折戟。

个性成为一个问题。这种方法自然吸引了用归纳推理进行逻辑思维的人。这种个性的人有时不能接受外部的批判，特别是不能自我批判，有时还会导致巨大的不合理性。另外，科学的设计方法有一种危险，它鼓励建筑师避免小错，而这样可能铸成大错。使用这种严格规定的科学方法的人们，常常对出现的错误不知所措，实际上，城市环境现在所存在的重大错误大于它本应该有的重大错误。

城市设计正在日益被理性科学所占领。过去，人们一般认为建筑师是非技术性的，所以，大量的经济学家、地理学家、调查员等都进入到了建筑师的名单里，以保持这个领域的平衡。城镇的“生命力”正在得到巧妙的分析，城镇的本质被抽取了出来，包装起来，分发给所有的城市设计师。工程技术人员正在独霸规划界，他们相信，好的设计源于对构成城市环境的许多因素做原子论式的分析。工程技术人员发现，他们很难承认，综合的科学方法与真正的创造性对立；他们很难承认，科学技术氛围不能支持想象的火花。这样的设计方式可以很好地组织材料；但它不适合探索发现。建筑不应该与有效率的建筑混为一谈。

没有篇幅来说明为什么如此，但是，我要强调的是，由于有意识的理性思维中，存在心理学家所说的“焦点意识”，致力于高概率模式，所以，有意识的理性思维不得不以直线方式向特定目标移动。在任何一种情况下，这种“焦点意识”下的注意覆盖的不过是大脑记忆思维区中的极小部分，类似于明显集中在视网膜上的那部分视觉感受野。这些记忆区按照当时大脑中的信息组织而一直处在分离状态，创造则是由集合在一起的许多记忆区组成的。另外，科学的设计方法涉及的是思维中已经存在的信息，所以，设计的科学方式不可避免地服从系统最大化原理。我们可以从科学家那里看到这一点，在大家都认为科学家的一种知识站不住脚之后很久，科学家还固执地拒绝放弃他们对这种知识的立场。

时代总是青睐建筑师。建筑师必须提供逐步改善环境的标准。同时，建筑师还要应付具有诉讼意识的客户、贪心的承包商和认真的政府部门。面对所有这些以及技术信息爆炸，建筑师很容易出现在设计上采用“科学的”* 方法的心理。技术以环境拯救者的面貌出现，以一种没有被怀疑玷污的图景而出现，因为一些技术专家似乎都按照对误差零容忍的方式在工作。但是，这种看法被认为是一种偏见，这种偏见起源于技术专家对那些不那么复杂的时代的怀念。在这个基本数据的巨大漩涡中，在设计上采用科学方法是我们建设有理性的环境的唯一机会。但是，有理性的环境却正在引起无尽的麻烦；视觉意义上最成功的城镇可以是任何东西，但是，绝对不是理性的。

* 这里不希望贬低真正的科学方法，真正的科学方法与艺术融合在一起，我在下面会提到这一点。——作者注

直觉方法

有些人认可了直觉设计方法的有效性。表面上看，直觉方法与科学方法是对立的，所以，那些致力于理性思维的人们认为，直觉方法是不正当的。据说，这种直接设计方法仅限于那些拒绝跨入后机器时代的抱着新石器时代思维方式的建筑师。这些建筑师有时很成功，甚至相当富足。单凭这一点就足够有理由怀疑设计方法了。

这种直觉设计师的形象是，乐于与他的灵感交流，他周期性地获得洞见闪念和灵感，比如柯布西耶的朗香教堂！毋庸置疑，有些建筑师认为他们自己得到了这种方式的帮助。但是，在这个去掉神秘色彩的时代，这种魅力超凡的设计方法令人难以置信，而且，在任何情况下，都不可能传授这种方法。

直觉设计师允许潜意识的信息加工过程，主导有意识的方案。据说阿尔瓦·阿尔托（Alvar Aalto）构想出一种非常迅速的设计。当他通过要求设计的场地时，首先做一个初步的了解。对于阿尔托来讲，所发生的是，他一生的经历与相关工作的信息结合起来，以创造性的方式相互作用，有意识的控制最小，在这种情况下产生出一个答案。由于他的天赋，阿尔托的答案通常都不错。

直觉设计方法论有时会受到指责，因为在那些需要逻辑思维的领域里，单纯依靠直觉会导致建筑设计不完善。对于许多比较新奇的和特殊的当代建筑来讲，无法对这类指责做出回应。由于直觉设计师的天赋，他试图达到过早的三维结论。从他的角度讲，他有些轻视技术，认为技术人员的工作就是要去适应建筑大师的需要。所以，人们是轻视直觉设计师的，但是，我们不能否认潜意识在设计中的重要作用。

毋庸置疑，思维的无意识层面才是人的真正创新之源。非常出乎预料的或通过梦呓或幻觉而做出的伟大发现和革新不胜枚举。当允许思维自由翱翔的时候，思维是广袤无际的。

直觉设计师利用了潜意识解决问题的能力。把直觉产生的产品看作某种神秘的绝对真理，由于存在这种诱惑，所以，直觉方法不无危险。从灵感中出现的对设计问题的解决办法容易夹杂着半宗教的权威性，所以，批判这些解决方案成了致力于左道旁门；可以理解，因为这些解决方案来自先验的信息库！

直觉设计师有一种与生俱来的攻击最好的城市设计的倾向，之所以如此，是因为他们通常仅仅单一地考虑单体建筑。他们是一种环境的原子论者。他们激励自己的哲学通常是，让每个承接下来的建筑项目都能名垂青史。这样做的结果是削弱了城市结构的整体连贯性。例子之一就是剑桥。由于剑桥这个地方的声望,所以,被委托在剑桥圣地边界内做设计的建筑师们，都觉得不得不挺身而出，竭尽全力地做设计。结果是建筑单体很优秀，而整体上不过是无法容忍的建筑大杂烩。在大部分情况下,建筑师们都是强烈的个人主义者,重视表现出他们特殊的设计形象,结果是支离破碎的。亨廷顿大道上的两个紧挨在一起的学院功能相似，但是，它们却给人感觉来自不同的星球。

剑桥因贝克斯沿着剑河极端优美的景观和建筑而著称。巅峰之作是国王学院及其礼拜堂和草坪。接下来是比较低调的女王学院，建筑具有 15 世纪温暖的、民居的风格。走过女王学院，就是银街大桥，从那里开始，河流曾经蜿蜒地流向乡间，两侧有两家小酒吧，米勒和安克尔。这是一个建筑上完美的渐弱演奏。现在，越出米勒，有了一个“先进的”城市中心建筑片段，承担着与学院无关的功能。于是，卓越的建筑系列被摧毁了。用海顿交响曲来讲，这种状况好像是海顿的“惊愕交响曲”被嫁接到了海顿交响曲 45 号“告别”的末尾。

另外一个例子就是巴西利亚（Brasilia），所有现代的非城市中，巴西利亚是最优美的一个。在这个建筑雕塑的大荟萃中，并没有一个城市凝聚的意义。真正的城镇生活出现在那些没有规划的简陋的城镇里，它们不可避免地出现在巴西利亚附近。巴西利亚意味着看看，最好通过幻灯片看看；巴西利亚并非一个实际生活的地方。

并不是说科学方法和直觉方法在城市设计过程中无用武之地。但是，每一种方法都有不足之处。科学的设计方法不能对一个设计机会做出一个真正的具有想象性的反应。直觉的设计方法常常缺少规范和控制性元素，如果要有组织地吸收那些改变现存环境的建筑，我们是需要规范和控制性元素的。在移植中，出现（器官移植）排异现象实属正常。所以，我建议在使用科学方法和直觉方法时，采取扬长避短的策略。我们需要一种方法，它可以释放建筑师和规划师的设计潜力，使那些有天赋的建筑师和规划师，能够更好地发挥他们的天赋，鼓励那些没有天赋的人勇敢地认识到这个事实，去从事行政管理工作。

剑桥女王学院和职工俱乐部

第21章
走向一个战略

人们可能认为，建筑和城市设计过程中的缺点源于神经生理学的另外一个方面。直到现在，我一直都在从大脑皮层和大脑边缘系统的对立上谈论思维活动的二元特征。实际上，大脑皮层本身也是在二元基础上建立起来的，包括左半脑和右半脑。

左脑和右脑各自承担不同的任务。左半脑具有语言表达和理性决策的能力。右半脑在处理非语言信息、空间信息、抽象信息方面，更为有效。

最近的一些研究揭示了左右大脑的运转方式。左半脑在系列处理上有效率，而右半脑则在把事物看成一个整体上比较有效率。[1]

西方技术密集的文化偏向于因果序列论或分析的原子论的理性思维，这种状况似乎已经有了一段时间了。这一点在教育上特别明显。这样，两个半脑的使用一般是不平衡的。

真正引起我们警觉是，有证据显示，这种不平衡可能是遗传决定的。人们已经发现，在婴儿发育的第6个月里，婴儿大脑的发育在大多数情况下是不对称的，左脑比右脑大很多。[2] 卢里亚（A.R.Luria）确认了这一点。这可能是一种不祥之兆，因为这意味着，左脑和右脑的大小在出生时就确定下来了。按照正反馈原理，强大的系统越强大。

我在本书一开始就提到过，设计过程需要两个半脑的全面参与。实际上，我们可以说，对于建筑设计来讲，右脑空间的、非语言的和整体的偏向，比左脑的语言的、理性的训练更重要。这就给从事建筑和规划的教育者提出了一个挑战，如何克服生物学意义上的偏好。现在，建筑和规划教育在它们的结构和基础上，一般倾向于原子的或系列的思维模式的。

---

1 A.R.Luria，The working Brain，Penguin Books（1973），pp.78–79；R.E.Ornstein，The Psychology of Consciousness，Chap，3，W.H. Freeman（1872）.

2 John Eccles，Lecture，“Brain，Speech and Consciousness”.

当主体日趋复杂起来时，大脑不断接受多种专业知识。它们对培养建筑师和规划师的核心过程产生辅助影响。通过这个体制，学生们将会比较深入地介入与设计相关许多方面。

在这种情况下，有可能成功，也有可能出现后遗症，进而抵消掉了已经获得优势。例如，专业人员用他们自己的特殊经验强调了他们那一方面的重要性。在大学阶段，学生们还不能区别最终价值和鼓噪。

甚至更让人将信将疑的结果是，整个培训过程通常建立起来的是一个分析的氛围，默认了进行思维和活动的条件。

或许用原子论，即用不可再分的方式，去分析地思考问题是学术思考的内在属性，对待信息的这种态度不可避免地会感染学生。当然在大学里，对原子论、分析思维情有独钟。在建筑人格的复杂性和矛盾中，强调分析会导致损害创造性设计的扭曲。

也许在城市设计的广阔背景中，原子论的心态最显而易见不过了。人们一般很勉强地承认需要考虑到相邻建筑。遗憾的是，按照原子论的心态思考问题的人们，以自我意识的和人为的方式去实现整合。所以,从表面上努力去反映比较大的环境。史宾斯（Spence）的女王学院伊拉斯莫斯大楼使用了暗红色的砖头和新都铎式拱门，把这个建筑整合成为世界上最精致的建成环境之一。而正是在比较远的焦点上看，这幢建筑，尤其在屋顶层面上，与它建成环境的兼容性产生了问题。

最后，这种原子论的思维氛围弥漫了新城建设这个最高的规划层面。到目前为止，英国的每一座新城雄辩地见证了逻辑的、条块分割的决策。问题按照严格的规则、规划标准主导层次结构、以序列方式加以解决。所以，新城建设需要在人的方面做出很大努力，给这些地方注入生命。有时，建筑和社会风气的结合挫伤了人的适应性。

令人啼笑皆非的是，许多接受了乌托邦理想的地方，最终成为司空见惯的过于规划的教条主义作品。采用逻辑的、原子论思维模式的设计师不能给任何东西留下机会。

当然没有即时发生效率的灵丹妙药，但是，从根本上改变解决与所有建成环境相关问题的方式，可以给我们提供一种预防措施。我们必须从建筑教育这个源头开始。

首先应该改变建筑和规划课程安排。尤其是专业课程，应该在安排上考虑到灌输设计的整体概念。我们不应该把建筑和城市设计上的设计程序看成一个线状推进的事情，而应该把它看成**把解决办法带进逐步清晰起来的焦点上去**的事情。这个逐步清晰起来的过程一定包括增加特殊的输入，这些输入来自所有的方向。如果这种特定输入被注入一个整体设想的方案中，那么一个项目的全面完整性当然不会受损。最终结果由提供理论思维框架规定。

出生和成熟的自然过程提供了一个不错的类比。从胚胎到成年人的发展是一个逐步确定的问题。胚胎是一种用 6B 铅笔画的草图，但是，最终成品的基本要素均以存在了。随着胎儿的生长，器官的特征越来越清晰地确定下来。这是一个从 6B 铅笔到 4H 铅笔的过程。

这里没有低估专家参与到设计项目中去的价值。没有批评必须具有特殊看法的专业人士。世界上没有一种专门学习整体的专业。建筑师或城市设计师的责任就是把来自特定专业的看法，转变成为在整个项目中设计的整体方式上来。这并非一种**态度**训练，态度在职业教育的最开始阶段就已经形成了。

这种根本态度决定前面讨论的所有层次的表现。使用设计的整体方式，单体建筑有比较好的机会去解决规划、功能、设施、结构和形状等不同利益之间的矛盾，部分具有一种比较可能性，凝聚起来产生一种超出它们代数集合的解决方法。许多当代建筑呈现出设计意义上的拼合形态，而没有产生出超出部分之和的东西。生理上的有机体最适当地展示了超出部分之和的东西。

一个有机体是由大量的成分组成，每一个成分都组成一个半自主的宇宙，但是，最终与较高层次整体相联系。人格和参与之间的平衡相当重要。这种规则也适合于建筑部件。

环境层次结构的下一个阶段是城市亚单元。设计的整体方式尤其与新建筑楔入已经存在的布局结构相联系。因为希特勒（Hitler）大规模地破坏了我们的城市景观，所以，把新项目与现存建成环境联系起来的复杂性，着实让理论家和实际工作者有了前所未有的负担。如前所述，有些建筑师不顾现存建成环境的约束，但是，大部分建筑师知觉到有义务顺从与他们建筑紧邻的建筑背景。这就是所谓“曲折式形态变化”或“好方式”，这种方式很少隐瞒设想的自我意识。没有谁真的去顾及建筑高度、材料的一致性或同样的风格。

整体方式的设计师应该能够吸收一个地方的建筑氛围，让一个地方的氛围成为设计方案的基本部分；这种地方建筑氛围决定性地影响着最终设计。以微妙和慎重的方式，通过表达自主性和参与性的关系，把建筑物创造性地楔入到整个建成环境上。

最后，我们要注意从邻里到整个城镇的规划。战略思考和详细考虑成为这里矛盾的两个方面。战略思考和详细考虑成了构成设计方案的两大部分，每一种思考努力争取自己的完全自主。但是，在每一种思考中，原子论者都有划分。商业的、政治的、交通的和工业的利益都对战略决策构成影响。在详细规划层面，交通工程师、环境保护人员、规划师和建筑师的标准也是多样的。

问题看上去可能很复杂,以致影响到任何整体论的设计。若要这种情况不发生，必须承认，需要一种特殊的设计灵感和组织才能，把所有的部门利益和强制性条件吸收到提高城市整体水平的解决方法中去。

如果我们使用当代规划复杂和有时棘手的原材料，造就了可以提高了思维水平的动态城镇景观，那么，最终决策一定是由空间导向的设计师做出来的。

总而言之，影响城镇居民的是建筑、道路、广场、花园和纪念物。所有战略性的和规划的因素应该落脚到这个重要层面上来。当务之急是，我们需要可以用平凡的原材料绘制出又新又美的画图的人。我们需要比文艺复兴时代还要多的**全才**(uomo universale)。

第 22 章
创新的本质

在这个技术集约的时代，出现采用专业系统的方式来做设计的倾向不足为奇。机械论的设计哲学不可避免地产生出一个不人道的城市环境。我这样说，不是要再掀起一场争论，而是认为，比较广阔的设计途径更有可能产生一个相互联系的、人性化的和富有想象力的设计产品。城市设计的心理策略对这个成果有重要影响。

现有的设计策略通常不会对动态的城镇景观有什么积极贡献，我从未用任何一种方式去隐瞒我的这样一种看法。现有的设计过程本身就是削弱创造性的。我们一定不要把这里所说的创造性与单体建筑的创造性混为一谈，我有足够的证据证明，人们的确混淆了城镇景观上的创造性和建筑单体上的创造性。我所说的创造性城镇景观（creative townscape）是这样一种环境，它通过扩展城镇事件的模式、产生形象、推动探索，进而刺激人的思维发展，这种创造性城镇景观不只是一个具有想象力的建筑事物。这种创造性的城镇景观有时非常微妙和复杂，包括空间、外形、虚与实的安排，建立起了一个刺激矛盾的平台。城镇设计上的创造性所面临的挑战，远远大于单体建筑设计所面临的挑战，所以，我们需要一个设计心态，为我们在城市范围内打开一个令人兴奋不已的广阔的可能性。设计是发现，在这个背景下，建筑师 / 城市设计师负责发现潜在于特定情况中的最大视觉可能性。

创新

创新的本质是一个直接注意问题，因此，更深入地分析发现是必要的。本书一开始，我就提出，路径相连的细胞模式构成了大脑的贮存和提取系统。激活的细胞之间的衔接或突触越多，这些细胞处在激发状态的可能性就越高，或者说，这些细胞处在比较低的激活临界点上。随着大脑的发展，这个模式或记忆的子模式系统和它们的连接路径，很快结合成为一个感受世界的统一方式。

显然，每一个人都是一个由无数经历和印象组成的独特的大脑贮存和提取系统。当然，社会是由大陆规模，到国家、城市、邻里、街道和家庭的群体组成。在每一个阶段，都有相应尺度上的群体积淀起来的共同经验，这些经验一般凝聚起来，供相应群体共享。虽然每个人的大脑贮存和提取模式和路径独一无二，但是，这个系统可能在这个群体中具有广泛的对应关系。这个群体在看世界的一般方式上具有相似性；他们共享共同的态度，分享相同的神话和偏见。

所有这些都不利于创造性，都解释这样一个事实，新意常常被敌对势力接受，因为新意与群体的态度相抵触，新意冲破了模式和衔接在这个群体里的一致安排。

创造力是一致模式和衔接系统的重新安排。新奇建立在已存在的一致模式和衔接系统基础上。在这个意义上，古代的格言的确是老生常谈。这个极端的例子包含了这样一个基本公理，创造发现了贮存在长时记忆中的现存数据模式之间的新关系，所以，创造是一个关于发现新关系的问题。

埃利奥特（T.S. Eliot）在有限背景但广泛适用的情况下如是说，

> 诗人的思想实际上是一个容器，捕捉和贮存了无数的知觉、片语、形象，它们保留在大脑里，所有这些微粒可以形成一种新的组合，然后一起表达出来。[1]

创造力是一个新整合的问题。无论在艺术上，还是在科学上，道理都一样。普兰克（Max Planck）在他的自传中写道，革新的科学家一定有“对新观念的一种清晰的直觉想象，不是从演绎中推论出来的想象，而是艺术家式的创造性想象。”诗歌是一个科学、数学和艺术的问题。亨利·庞加莱（Henri Poincare）谈论过“所有真正数学家懂得的真正的美感”，一种从“数学美，……数字和形式的和谐，几何优美中得到的知觉。”

创新的条件

创造力只能在包含三种元素的环境中存在。首先，在长时记忆中，一定要有充分数量和多样的信息，有可能让大脑皮层产生相互交流。创新以充分的异类混搭可能性为基础。

一种丰富的建筑想象只能在有了大规模和多样性的信息输入条件下产生。所有时代的建筑经验是设计中创造性的前提。现在建筑学院里的建筑史课并非很受欢

1　T.S. Eliot，论文汇编，Faber and Faber（1932），p.19

迎。有人提出，建筑的历史与我们不相关，因为我们现在对建筑的了解远超过历史。确切地讲，过去的建筑是许多我们现在才了解到的那些建筑。对于任何致力于任何形式创造的人来讲，没有什么东西是无关的。最具有建设性的大脑就是支撑着丰富多彩混沌知觉的大脑。

其次，没有动机，不可能有创造力。异类混搭只能对应一个问题时才会出现。当阿基米德（Archimedes）在洗澡堂里发出他的著名惊呼时，他大脑中的一个问题与他跳进澡堂里所造成的水的排量之间发生了潜意识地异类混搭，这才有了他的发现。阿基米德在计算一个错综复杂的皇冠的体积问题时，所有的有意识的努力都失败了。挫折，“受阻的网络”。阿基米德也许正在担心，如果他不解决这个问题，他的陛下会不高兴的，这种担心刺激了阿基米德解决这个问题的动机。大脑里没有行为规范的适当意义；用马丁·路德（Martin Luther）的话讲，“我找到了”的行动可以在任何地方发生。

再者，整个记忆和思想系统必须是可以适应新情况的。当意识不可能具有创造性时，大脑一定是僵硬的。没有灵活人格的人，他的潜意识不能做潜在的游戏。这种人的梦可能并不比别人少，但是，潜意识和意识之间的通道堵塞了。高度理性的、演绎的、僵硬的大脑不能在它的坚硬的壳上找到一个裂缝，以便产生异类混搭的果实。这样的大脑不能推进“我找到了”的行动，因为它没有知觉的工具。

这样，创新的最后一个前提是在意识层面具有灵活性的大脑。这个灵活性应该能够扭转所有原先的假定。弗莱明发现适合于人类使用的抗生素否定了他自己原先所有的工作。能够完全扭转他的基本参考构架是这个真正伟大的科学家的标志。

建筑同样有它的思想堡垒，拥护者维护他们自己的立场。设计师可以像科学家或任何其他类型职业的人一样僵化。创造有一种放弃固有立场的愿望，猛烈地改造对事物原先的整个认识。

埃利奥特概括出这样一种情形：

> ……成熟诗人的思维不同于幼稚诗人的思维，这种差别不是就任何“人格”评价而言的，成熟诗人的思维不一定就更令人感兴趣，或者其他什么，而是就更精细完善的培养基而言的，在这种培养基中，特别的或各种变化的知觉自由地形成新的组合。[1]

现在，我们已经准备好了提出一个设计心理策略的基础。

1　T.S. Eliot，论文汇编，Faber and Faber（1932），p.18

第 23 章
设计方法学

输入和孵化

为了说明我要提出的设计策略的发展性质，我选择了**迭代的**（iterative）设计方法这个术语。我强调了这样一种看法，在设计过程的开始，最好的设计就已经在整个项目的胚胎里存在了。我们是通过不断地输入和反馈，开发出这个设计项目来。这个设计过程完全不同于称之为科学方法的那个序列过程，这个设计过程更接近艺术创造性的经典观念。

这个设计策略有 5 个阶段，有些阶段对应于常规的设计方法。它们是：

输入：形成设计方案

孵化

形成概念

开发

评估

输入

输入包括三种信息：

不特定的或一般的计划

局域计划

专项计划

因为这三类信息对所有设计都有决定性的影响，可能构成一个要求强神经的强大过滤装置，所以，对它们做点详细考察不无收益。

非特定的或一般目标　包括了大部分设计问题都有的信息。建筑和规划都有各自的一般目标，建筑和规划在许多点上，特别是在详细设计的层面上，是有重叠的。对于建筑师来讲，这个目标由建筑活动的一般规则和“国家建筑规则”组成，这类规则在大部分欧洲、英联邦国家和美国大体相同。就美国而言，建筑管理虽是州里的事务，但是，全国各地的建筑规则大体一样。

这一方面的设计目标应该在实践中改善其效率。实践出真知，实践经验的积累可以产生出覆盖更全面的一般目标，在设计时，这种更全面的一般目标成为一种“单位质量”。设计教育比较令人厌烦的一个方面是，反复灌输一般目标，以便有可能完成一个现实设计的模拟练习。这种一般目标一定永久地镌刻在记忆中，这个过程包括反复接触这类信息。

局域目标　在英国，城市开发是受到严密监控的，地方政府依照法律授予的权力，执行《城乡规划法》。市政厅的官员可能给规划分委员会提出推荐意见，规划分委员会再给规划委员会提供咨询意见，市议会的全体会议批准规划委员会的决定。勇者实际上是那些公然反对他们专业事务顾问意见的那些市议员们。这个体制最近做了一些调整，支持了不多的几个和比较大的大都市县议会，赋予它们规划权。之所以这样做，原因是这些比较大的大都市县议会将会推进更有效的战略规划和详细规划。

由于各式各样地方当局都有着规划权，所以，这个体制导致了开发管理的明显不一致。整个城镇可以反映地方规划官员的偏爱和特质。英格兰南部的一个地方正在控制建筑高度。这是因为规划师坚持认为，没有任何新开发建筑的高度应该超出教区的教堂。这个规划师是一位虔诚的圣公会教徒吗?

距离上述城镇不远的一个自治市，规划委员会要求在两条旁道上给一个教堂做适当的宗教标志。通常情况下，教堂是没有标志的。教会方和城镇规划部门都拒绝这个要求。

管理南皮尼斯地区的皮克公园规划委员会公布了推荐的设计要求。这个委员会是最专制的规划部门之一，它建立了一个综合规定一览，涉及建筑材料的使用，甚至建筑风格。这类规定似乎认为，这个地区的任何新建筑都是遗憾的，这个地区新近按照这个规定建起了一些建筑。

其他的地方官员也影响这个局域目标。当我们决定哪些部门对城市化质量负有最大责任时，一种观点是，许多城镇没有足够注意自治市的财务主管。另外一些人认为，市政府的总工程师掌握了这个权力。用来证明这个看法的判断是，这个总工程师一定是这个城市最先做出城市关键决策人，因为他管理的道路是与国家路网相联系的，建筑师和规划师的特质不能改变这一点。例如，在东卡斯特，建筑师和规划师可能选择把教区的教堂保留在城镇结构内。

专项目标　这个目标涉及所有项目，这些项目让一个特殊设计问题独特起来，背景输入决定这些项目，这种背景可大可小，一个城镇在地理上的布局或在一条老街上的一幢住宅。这个目标包括有关特殊场地上的因素，如基础设施是否可达，小气候的性质。

最后，这个目标一定包括客户的基本情况。这种基本情况一般是建筑师或规划师根据客户提供的信息编辑起来的。因为客户总是多样的，一种想象的设计是否可以被接受的机会通常与客户成员数的平方相关，所以，情形总是复杂的。

委员会也倾向于系列决策的制定，这常常意味着，在没有顾及策略设计师的情况下，做出了战略决策，当把详细规划师喊来时，生米已经煮成了熟饭。

很多人，特别是由方法论专家，已经大量谈论过有关收集信息和建立关系和层次结构等方面的问题。设计方法的弱点是它把价值加到了客户方面，然后，把这些价值结合成为一个固定的设计模式。的确可以认为，收集和安排信息的方法对建筑有着直接的影响。为了克服这种倾向，让专项目标有些弹性，以有可能容纳设计过程中的重点变化。

同样重要的是，每一个目标中都夹杂着设计师的个性。设计师潜意识地把他的价值结构反映到了设计目标上。例如，一个建筑师不辞辛劳地追逐玻璃和水泥制成的形象，不考虑用户舒适与否，这个建筑师正在推行一种把人放在次要地位的价值结构体系。最近许多有关环境的抱怨可能正好表明，一些建筑师对人的生理和心理需要不敏感。

孵化

在考虑直觉设计时，我曾经提出，直觉的设计利用了潜意识信息加工的成果。显然，大脑在无意识层面有解决问题的能力，所以，我们必须考虑一种完全开动大脑多种功能的设计策略。极端复杂的数学和科学问题，已经在意识的、理性思维认识到了潜意识过程的重要意义时得到了解决。在城市背景下，没有什么问题会比设计还复杂。由于设计的复杂性，最终由除理性思维以外的人来评估，所以，人的大脑，比起计算机，有更多的机会来衡量挑战，允许把目标放到大脑的非理性部分中去。这就是为什么我要提出，在设计过程中，应该有一个孵化期。孵化（incubation）是一个可以在设计策略中加以考虑的观点，值得详细展开。

在艺术和科学里的大量纯发明创造揭示的一件突出的事情就是，理论或解决办法的出现，始料未及。由于这种现象，创造与灵感相联系，人们用灵感这个术语来描绘思维和某些超验的机制。

我不否认这个意义上的灵感有可能存在，可是，我不能认为，灵感对一般建筑师是一种可靠的设计方法。当然，灵感的概念中包含了这样一个重要的真理。新观念来自一个根本不同的情况，而不是来自理性思维过程。

我已经提到过，正常思维过程使用了现存的模式安排和连通路径，灵感发生在大脑正常运转之外,是对连通路径的重新安排。创造实际上包括了路径的重新分布。灵感的观念长期用来解释这样一个悖论，新见解突然闯入了一个整个由自然逻辑或数学/符号思维支配的大脑环境中。证据是有力的，当思维处在潜意识控制条件下时，能够发生路径的大规模重新连通。

T·S·埃利奥特用十月怀胎一朝分娩来类比地描述文学创作过程。在许多方面，这个比较与我们所讨论的问题很接近。一定的因素被注入大脑中，这些因素在导致新的连贯模式安排之间产生广泛的相互作用。这种相互作用在适当的时间进入意识，也就是说，当新观念足够具体时，它就可以被意识理解。艾略特与他的前辈一样，认为诗歌是不能来自承载有意识思想的逻辑的、语言表达的方式。

潜意识的思维在这方面硕果累累的原因是，潜意识不受控制意识的规则制约。潜意识捡起了逻辑思维拒绝的那些关系。潜意识的思维有它自己的标准，它创造了梦幻和蒙娜丽莎。潜意识把洋白菜（Cabbages）与国王（Kings）联系在一起，创造了一个新的和可以估价的突变，"磨圆"（Cabbing）。

这种独特的异类混搭（bisociation of hitherto），把迄今从不相关的模式联系在一起，似乎是偶然发生的。一种观点也可能以同样的方式突然迸发出来。这种观念之所以出现，是因为大量的背景活动已经在此之前展开了。这个机制违背了常理，不过它却是一个事实，无意识思维能够有目的地产生出目标，能够产生理性思维从未得出的答案。在这个层面上，大脑对相互联系有了更大的渴望，有了更宽泛的相互联系的知觉，认识了完全没有联系的模式或记忆的亚模式之间的联系点。更重要的是，大脑认识了与特殊需要相关的密切联系。

在巴黎心理学会的一个讲座上，普安卡雷用数学术语描绘了这种创造过程。他曾经花了不少时间来集中解决一个特别困难的数学问题。在集中研究却毫无结果的情况下，他喝了些浓咖啡，那一晚，他无法入睡。在这个半醒半睡的状态下，他描述了他的想法如何涌现出来：

> 我觉得它们相互撞击，它们最终成对稳定地结合起来。第二天早上，我建立了一类福克斯函数，源于超几何级数；我只剩下写结果了，写下这些结果花了我几个小时。[1]

人们不需要明白福克斯函数就能欣赏这个半梦状态的价值。

我应该拿另外一个例子来进一步支持普安卡雷的描述。这是根特的化学教授开

1　H. Poincare，The Creative Process（1952）and A Koestler. The Act of Creation，p.116

库勒 (Fridrich von Kekule)。这是 1865 年的一个下午,这一天很特别,开库勒睡着了。他追忆了他在梦中看到“跳动的”原子如何排成排列,像蛇一样缠绕在一起。突然,这些蛇开始吞食它们的故事。这时，他醒了，如他对这个梦境的描绘那样，这个梦境“仿佛一道闪光”，让他看到了现代科学最重要理论之一的线索，发现了一定的重要有机化合物不是开放结构的，而是封闭的链或环。这个梦境给他那个有准备的大脑提供了一个类比，也许开库勒是那个时代唯一一个能够如此奇特地解释蛇的人。

证明类似“我找到了”经历的人不胜枚举。有时，这种顿悟出现在睡眠或梦幻状态下。对于另外一些人来讲，真理敲门可能是在走下公共汽车的时候。这是普安卡雷的最基本思想的另外一种背景。

大脑如何展开这个非凡遗存的猜想。普安卡雷有他自己的理论。首先，他确信潜意识在创造中的作用：

> 最突出的首先是突然启迪的降临，这种启迪是长期的、潜意识的前期工作显现出来的迹象。对我来讲，数学发明上的这种潜意识作用是无可置疑的。[1]

然后，普安卡雷提出了这种顿悟机制的关键：

> 在选择出来的组合中，最能产生成果的组合常常是那些来自其他领域的元素。……这样形成的大部分组合是完全不会产生结果的；但是，它们中的一定组合，非常罕见的，是最能开花结果的组合。[2]

如何认识和选择这些出现在意识中的“非常罕见”的组合呢？普安卡雷的回答是，这种选择是通过“真正创造者的审美敏感性。有用的组合恰好是最美的，也就是说，有用的组合正是那些最好地引起特殊知觉的组合。”[3] 对于科技和人文这两种文化更是如此。

然后，通过内在的敏感做选择。这可能与巴斯德（Louis Pasteur）的名言相关：“机遇只偏爱那些通过有耐心的研究和不断努力而准备有所发现的人”。

这是创造性思维的基本特征，也就是说，有能力理论化没有预料到的集合 – 一种独特的模式组合，它们相关地形成了新的必然性。

当然，普安卡雷的解释只是部分满足的。统计概率并不支持发生在偶然基础上

1 H. Poincare，The Creative Process（1952）and A Koestler. The Act of Creation，p.116
2 H. Poincare，The Creative Process（1952）and A Koestler. The Act of Creation，p.164
3 H. Poincare，The Creative Process（1952）and A Koestler. The Act of Creation，p.165

的重要的路径再连接。一定存在某种与特定问题的需要相对应的控制，由不只是“审美敏感性”的东西推动着。

即使有意识的注意已经消除了，在一个问题上饱和了的大脑还把这个问题放在议程上。当一个问题处在有意识的详细审查中，它受焦点意识的约束。在背景显现出一种明显的锐度衰减，即刻的问题出在图式背景的明显焦点上。所以，有意识的注意只能考虑最直接的背景，即与问题最明显相关的模式。

因为注意的“光束”不再锋利，所以，潜意识过程有可能出成果。焦点锐度放松了；光束的角度变得宽阔起来，覆盖了更大的区域。潜意识包括的模式可能在焦点的理性规则下是与这个问题不相关的。潜意识推动的系统不是成人大脑的理性，而是儿童或原始人的自由想象。所以，潜意识“混搭……参照系，在清醒（有意识）状态下，这些参照系是不相关的。”[1]

潜意识的大脑用低强度的广光束，扫描大脑皮层，寻找密切关系和类同，潜意识按照它自己的规则实施这类行动。潜意识从整体上看问题。摩根（Lloyd Morgan）完全是正确的：“带着你的主题完完全全地充实你自己，……等待。”

当然，单靠饱和是不充分的。通过潜意识异类混搭来创造的系统通常必须处在有效压力下。这种压力因素，冲动或知觉，是艺术和科学创造的重要因素。这种压力加速了扫描过程，更接近设定的目标。显然，每一个建筑不能都来自强大的灵魂的成果。但是，应该通过实现可能的最好方案的动机来强化设计目标。

打算实施当代目标的设计师是一种完美主义者。这种完美主义综合症导致了施加在许多人身上的压力，但是，完美主义帮助建筑师或城市设计师，去追求卓越。再提一次沙特大教堂这个从废墟中出现的伟大建筑，当时，建筑师就希望建造一个名垂青史的建筑。那个时代情绪上的压力在设计这幢伟大建筑时发挥了决定性的作用。

即使设计师必须在高压下工作，分给孵化过程一些时间还是很有意义的。应该允许大脑去发挥它自己的神奇力量。当然，同样重要的是，要能够构思一个解决方案，并且让它成为现实。城市环境需要最大的想象，也需要在功能上有效。

开库勒一定会同意，用他给他最有理性的同事们的告诫，结束本章：

> 先生们，让我们学会做梦。

1　A Koestler. The Act of Creation，p.164

第24章
最后阶段

理论化

在环境行业里，时间等同于金钱，甚至那些最依靠直觉导向的设计师也必须限制孵化期，回到意识指导的执行管理上来。实际上，有目的思考会加速这个孕育过程，当然，这个有目的思考要能够去鉴赏控制无意识精神活动的非理性规则。在讨论有目的的思考如何加速这个孕育过程之前，考察建筑和规划中常常使用的两种加工方式不无益处，这两个加工方式可以称作：

自然思维方式

逻辑思维方式

因为自然思维方式意味着不成熟，所以，没有几个设计师会承认自己使用了自然思维方式（natural processing）。但是，自然思维方式极为普通，发生在人乃至国家层面上的一些重大错误都可以拿它做解释。自然思考遵循了大脑中不羁的规则，或者说，不受因果关系控制的规则。思维不受约束地跟随大脑里业已存在的模式和路径，把思维发展的前理性阶段上最大化。虽然如此，自然思维方式似乎处在大脑边缘系统的指导下，大脑边缘系统具有很少的逻辑。无论给大脑边缘系统披上大脑皮层的什么逻辑，大脑边缘系统都不会按照大脑皮层的逻辑去行事的。

甚至在非常偶然的建筑和规划分为中，也会出现非理性判断（irrational judgements），这类非理性判断是由最大化记忆中前理性的一定模式和联系而激发出来的。所有的决策都应该对非理性因素做出仔细地分析，这些非理性因素可能装扮成正常的判断。自然思维植根于神话和偏见，所以很难修正。

作为解决问题的手段，逻辑思维方式（logical processing）信誉有加。对现在和未来问题的解决办法结合了过去的答案。在这种背景下,发展包括了过去的延伸。这种思维方式在演绎原理基础上展开。波诺称逻辑思维方式为“垂直思维”，思维活动按照逻辑阶段，从低门槛的路径逐步到达一个确定的目标。由于逻辑思维主导了信息安排，所以，这种思维明显倾向于抑制发现和革新。

在已经建立起来的思维模式和思维路径中，明显需要一个不受限制的思维模式。要想实现孵化期间那些无约束的无意识思维的全部收益，我们需要一个有目的的策略，这个策略在已经建立起来的记忆和思维途径中表现出相同的自由运动。因为我们关心的是**发现**，所以，我给这个自由的理论化策略赋予一个适当的名字，**启发式过程**。

启发式过程

启发式过程（heuristic processing）的目标是发动一个创造性的活动，这个创造性活动已经潜意识地发生了，或者给思维施加了影响，因为思维活动没有成果。

库斯勒和波诺都得到过这样的结论，解决一个问题的旁门左道或另类思考，比起直接从逻辑入手，胜算的机会要大。创造不能出现在现行信息安排所提供的背景中。现状不可避免地影响发展，即使在最好的情况下，受现状影响的发展所产生出来的还是一个具有定势的解决办法。有必要挣脱现行的思维模式，创造一个新的思维模式。在具有定势的思维过程中，不严格相关的信息都被排除到了很有可能采用的解决办法之外。而在启发式思维过程中，没有什么是不相关的。所有的信息，即使使用它的概率极低，都会因为它潜在的价值而被贮存起来。

这种策略被称之为“另类思考”(thinking sideways)，按照波诺的说法，这叫“横向思维”(lateral thinking)。无论是“另类思考”还是“横向思维”都意味着，把注意从一个问题转移开，可能是解决这个问题的最好方式。这个看法可以延伸成为这样一个论点，摆脱解决一个问题的势头，把这个问题与另外一个参考系联系起来。在这种情况下，就会出现异类混搭。通过使用非常规方法去解决这个问题，这个问题隐蔽的可能性就会被释放出来。

横向思维（即用想象力去寻找解决问题的方法）可能从若干方面刺激创造。

1. 如果在横向成分和现存的参考系之间存在轻微的逻辑对应关系，那么，这个交叉点既有可能成为通往新概念的一个桥头堡，也有可能构成新概念的核心；用圣经的话讲，这个交叉点既包括了道路，也包括了真理，就在一个定势解决方法的边缘上。

2. 这种横向成分可能发挥**催化**作用。这种横向成分刺激记忆模式的相互作用，否则，这些记忆模式没有理由在系统自我最大化、高概率规则下结合起来。作为一种催化剂，这种横向成分不是直接进入到新的事物状态中，而是以符号的方式发挥作用，揭示出新的逻辑来。这种催化作用可能与理性思维没有任何联系，实际上，只要它不是荒谬的，这种催化作用可能最有成。思来想去都认为不相关的东西，可以证明很相关。

3. 引入**机会**是产生丰富相互作用可能性的另外一种途径。引入机会包括给设计方程代入许多无关的观念，希望一种机会相互作用可以产生出结果来。如果有足够多的观念混搭在一起，有可能发现新异类混搭所隐藏的成分。潜意识的大脑指导着大脑的扫描，尤其是在注意转移到其他地方去的时候，会释放出一种新的关系。

4. 苏里奥（Souriau）说过这样一段名言，也许对设计师有用："为了发明，我们必须想想旁门左道。"一旦一个人对这个问题已经饱和了，通常有效的方式是转移一下注意力，让潜意识有自由活动的空间。这是一个与回忆相关的一般技巧。一个特定的记忆可能规避有意识的回忆，一旦注意转移到其他地方，这个记忆形象很快便浮现在脑海里。就设计而言，通过并行推进两种情形，每一个情形都给另一个情形提供创造性转移，这样，有可能让潜意识有自由活动的空间。如果我们可以把注意完全引向这个问题的背景之外，效果可能更好。在一个意义上讲，这个程序实际上是延伸了的孵化。

5. 通过语义的横向使用，可能打开始料未及的可能性。用适合于完全不同背景的形容词，来定义这个问题的元素。最好由一组人来进行的活动。在设计圈圈里，人们常常使用多种解放观念的方式，如模拟游戏和头脑风暴。

6. 以新角度看问题的另一个技巧是，改变问题的切入点。就设计而言，存在标准的行动步骤，这个事实可以预先确定一种解决问题的类型。就记忆轨迹标记而言，

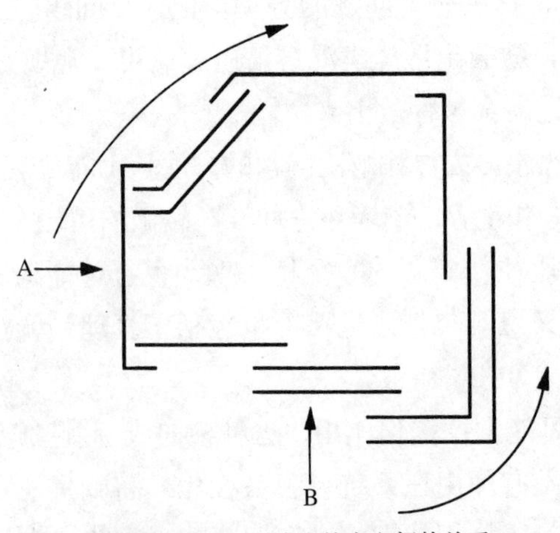

记忆轨迹图 – 切入点和流向之间的关系

根据问题在哪里提出来，就决定思想流动的方向。模式和路径的最大化程度控制着思想流的方向。

从 A 点切入这个问题决定了这个问题被逻辑思维处理的途径。但是，如果从 B 点切入这个问题，最大化规则导致注意流向的方向正相反。假定从邮递员的立场出发，城市更新的优先选项会很不同。

7. 另外一个解放思想的技巧是扭转图式和背景色作用。对象的意义是相对于背景而言的。如果背景成了主导，事情大相径庭。

8. 最后，可以达到沉思状态的那些人，可以模仿一个半睡半醒、类梦的精神状态，在这种精神状态下，注意流向自由地跨越思维中许多没有开垦的处女地，途径未知，但是，确实处在一个确定目标的背景下。虽然确有萨缪尔·科勒里奇（Samuel Taylor Coleridge）这类例子，我并不建议，我们应该人为用药物去诱导这种精神状态。我总是在电视机前做所有的基础建筑设计；电视机是一个很好的药物替代品！

因为无意识孕育的成果要由有意识的大脑去采摘，所以，必然有一定的条件。创造性思维是一个必要条件，创造性的思维能够容纳参考系的巨大变更。创造性思维很快就厌倦了老生常谈，探索似乎明显始料未及的成果。致力于信息逻辑安排的思维绝不会具有创造性；没有什么比一贯正确的严格逻辑思维更贫瘠的东西了。波诺给所有的建筑师和设计师一句至理名言：

> 有足够多的观点，尽管其中会有不正确的，那也比全部都对却毫无新意的观点好。

开发

在孵化期间构思的和通过概念化技术抽取出来的设计，必须能够通过开发而成为现实。现在，很多例行任务充斥了设计程序。这个让设计成为现实的过程演绎成了开发和反馈之间的一系列相互作用。这个过程如同跟随着一个螺旋线一样，向最终设计的方向运动。

这是使用思维的时候，思维要有逻辑，要求一致。在知觉和思考中，心理上倾向于让数据符合思维的内在关系模式。基本关注点是设计的规则。正是这个无意识头脑，通过严格应用所思考的那个系统的规则，承担着复杂的加工工作。有关建筑设计的最需要做的事情之一就是一项决策，一个始终可以对建筑结构和建筑设施产生不计其数影响的决策，这个决策一开始似乎很富有挑战性。从某种意义上讲，人脑的运转像计算机，模拟人脑正是计算机未来发展的方向。

要想使思维具有这种一致性，一定要植入运行规则。只有在永久性记忆中设置了这种综合的规则系统，这个自动的反馈系统才能运转和测试整个设计综合体是否在每个决策上保持了一致性。或者比照一致性的形式，或者感觉到不安，抛出那些不兼容的，让意识去发现不合逻辑的。平凡的人需要一份检查项目一览。

通过一个长长的和常规的开发过程，最初的设想保留了下来。虽然现在设计背后有着强大的专业技术，城市设计的产品一定不仅仅是一个调整小气候的机器，还是一个赏心悦目的优美事物。

评估

也许建筑师要具备的最困难的技能是，能够客观地批判他的产品。建筑师必须做到埃利奥特会认为不可能的那件事，既有艺术家的能力，也有艺术批评家的能力。贯穿设计过程，批判的机制总是处在激活状态。即使这样，在认为开发业已完成时，还需要严格的高强度批判。也许正是在这个阶段，当无数的小错误都避免了的时候，基本错误才会凸显出来。整体评估是必不可少的；右半脑发挥功能的时刻正是在做整体评估的时刻。

实际上，大脑皮层的两个半脑之间是有对话的，在语义相关时，整体的评估最优。人们有时指责建筑师不善言表，有时甚至指责建筑师目不识丁。这很遗憾，因为批判能力紧密地与语义能力相联系。思想依靠词汇来表达。词汇是观念的载体，在分析领域里，词汇很复杂，评估不仅仅衡量总体设计，评估还要区别差别的微妙之处，区别细腻的知觉。关系的品质，统一和一贯性的本质，这类事物需要在它们存在之前被描述出来。

一个语言指令意味着知觉的广泛权力，它既能把看见的东西输入到大脑里，很能使用记忆力去应用标准，这是城市设计师的基本功。在设计中，首先必须从机体功能上和美学上明确设计意图。所谓的直觉设计师，把含糊的初出茅庐的标准应用到他们的设计上，简而言之，“我知道我喜欢什么”，这是不充分的。建筑师和规划师必须把他们的标准表达出来，当然，只有使用语言才能表达建筑师和规划师的标准。

城市建筑是所有艺术中最社会的艺术。建筑师和规划师不能享受创造杰作和拙作的自由，我不喜欢这样讲，但是，还是值得一提。我们可以淡忘一首诗歌，但是，建筑却是挥之不去的。

这不过是设计策略的草图，主要目的是为了说明，思维的一定影响如何能够支持设计过程。阿波罗（Apollo）和戴奥尼夏（Dionysius）在我们所有人中，以不同比例表现出来，有效的设计程序应该利用在适当的时候使用每一种比例的品质。

结论

很遗憾，我在这里提出的问题比我回答了的问题要多。也许矛盾是件好事。任何一个涉足心理学的人都会陷入泥潭。希望一种创造性的心态会让我们跨越争议。

我一直都试图找到真正满足心理需要的设计方案。当然，这个诉求不仅仅是针对设计师的；那些依法管理建成环境的人，管理资金的人，都有责任去了解人在城市里的心理需要。满足人们的心理需要，一直是我描述可能想到的知觉问题、设计政策和设计策略的一个途径。

作者致谢

感谢心理学家彼得·沃尔（Peter Warr）博士，他在阅读了本书的第一稿后，没有表现出完全沮丧的样子。感谢菲利普·西格尔（Philip Seager）博士，他对本书的最后一稿提出了许多建设性的意见。感谢我的秘书玛格丽特·普林斯（Margaret Prince）女士，她表现出通常众神才有的那种耐心。还要感谢设菲尔德大学给我的旅行提了资助。